崧燁文化

U0070444

Ameba氣氛燈程式開發 (智慧家庭篇)

Using Ameba to Develop a Hue Light Bulb (Smart Home)

自序

　　Ameba 系列的書是我出版至今三年多，出書量也近九十本大關，開始專為瑞昱科技的 Ameba RTL 8195 開發版謝的第一本教學書籍，當初出版電子書是希望能夠在教育界開一門 Maker 自造者相關的課程，沒想到一寫就已過三年，繁簡體加起來的出版數也已也近九十本的量，這些書都是我學習當一個 Maker 累積下來的成果。

　　這本書可以說是我的書另一個里程碑，很久以前，這個系列開始以駭客的觀點為主，希望 Maker 可以擁有駭客的觀點、技術、能力，駭入每一個產品設計思維，並且成功的重製、開發、超越原有的產品設計，這才是一位對社會有貢獻的『駭客』。

　　如許多學習程式設計的學子，為了最新的科技潮流，使用著最新的科技工具與軟體元件，當他們面對許多原有的軟體元件沒有支持的需求或軟體架構下沒有直接直持的開發工具，此時就產生了莫大的開發瓶頸，這些都是為了追求最新的科技技術而忘卻了學習原有基礎科技訓練所致。

　　筆著鑒於這樣的困境，思考著『如何駭入眾人現有知識寶庫轉換為我的知識』的思維，如果我們可以駭入產品結構與設計思維，那麼了解產品的機構運作原理與方法就不是一件難事了。更進一步我們可以將原有產品改造、升級、創新，並可以將學習到的技術運用其他技術或新技術領域，透過這樣學習思維與方法，可以更快速的掌握研發與製造的核心技術，相信這樣的學習方式，會比起在已建構好的開發模組或學習套件中學習某個新技術或原理，來的更踏實的多。

　　目前許多學子在學習程式設計之時，恐怕最不能了解的問題是，我為何要寫九九乘法表、為何要寫遞迴程式，為何要寫成函式型式…等等疑問，只因為在學校的學子，學習程式是為了可以了解『撰寫程式』的邏輯，並訓練且建立如何運用程式邏輯的能力，解譯現實中面對的問題。然而現實中的問題往往太過於複雜，授課的老師無法有多餘的時間與資源去解釋現實中複雜問題，期望能將現實中複雜問題淬鍊成邏輯上的思路，加以訓練學生其解題思路，但是眾多學子宥於現實問題的困惑，無法單純用純粹的解題思路來進行學習與訓練，反而以現實中的複雜來反駁老師教學太過學理，沒有實務上的應用為由，拒絕深入學習，這樣的情形，反而自己造成了學習上的障礙。

　　本系列的書籍，針對目前學習上的盲點，希望讀者當一位產品駭客，將現有產品的產品透過逆向工程的手法，進而了解核心控制系統之軟硬體，再透過簡單易學的 Arduino 單晶片與 C 語言，重新開發出原有產品，進而改進、加強、創新其原有產品固有思維與架構。如此一來，因為學子們進行『重新開發產品』過程之中，可以很有把握的了解自己正在進行什麼，對於學習過程之中，透過實務需求導引著開發過程，可以讓學子們讓實務產出與邏輯化思考產生關連，如此可以一掃過去陰霾，更踏實的進行學習。

　　這三年多以來的經驗分享，逐漸在這群學子身上看到發芽，開始成長，覺得 Maker 的教育方式，極有可能在未來成為教育的主流，相信我每日、每月、每年不斷的努力之下，未來 Maker 的教育、推廣、普及、成熟將指日可待。

　　最後，請大家可以加入 Maker 的 Open Knowledge 的行列。

曹永忠 於貓咪樂園

自序

　　記得自己在大學資訊工程系修習電子電路實驗的時候，自己對於設計與製作電路板是一點興趣也沒有，然後又沒有天分，所以那是苦不堪言的一堂課，還好當年有我同組的好同學，努力的照顧我，命令我做這做那，我不會的他就自己做，如此讓我解決了資訊工程學系課程中，我最不擅長的課。

　　當時資訊工程學系對於設計電子電路課程，大多數都是專攻軟體的學生去修習時，系上的用意應該是要大家軟硬兼修，尤其是在台灣這個大部分是硬體為主的產業環境，但是對於一個軟體設計，但是缺乏硬體專業訓練，或是對於眾多機械機構與機電整合原理不太有概念的人，在理解現代的許多機電整合設計時，學習上都會有很多的困擾與障礙，因為專精於軟體設計的人，不一定能很容易就懂機電控制設計與機電整合。懂得機電控制的人，也不一定知道軟體該如何運作，不同的機電控制或是軟體開發常常都會有不同的解決方法。

　　除非您很有各方面的天賦，或是在學校巧遇名師教導，否則通常不太容易能在機電控制與機電整合這方面自我學習，進而成為專業人員。

　　而自從有了 Arduino 這個平台後，上述的困擾就大部分迎刃而解了，因為 Arduino 這個平台讓你可以以不變應萬變，用一致性的平台，來做很多機電控制、機電整合學習，進而將軟體開發整合到機構設計之中，在這個機械、電子、電機、資訊、工程等整合領域，不失為一個很大的福音，尤其在創意掛帥的年代，能夠自己創新想法，從 Original Idea 到產品開發與整合能夠自己獨立完整設計出來，自己就能夠更容易完全了解與掌握核心技術與產業技術，整個開發過程必定可以提供思維上與實務上更多的收穫。

　　Arduino 平台引進台灣自今，雖然越來越多的書籍出版，但是從設計、開發、製作出一個完整產品並解析產品設計思維，這樣產品開發的書籍仍然鮮見，尤其是能夠從頭到尾，利用範例與理論解釋並重，完完整整的解說如何用 Arduino 設計出一個完整產品，介紹開發過程中，機電控制與軟體整合相關技術與範例，如此的書籍更是付之闕如。永忠、英德兄與敝人計畫撰寫 Maker 系列，就是基於這樣對市場需要的觀察，開發出這樣的書籍。

　　作者出版了許多的 Arduino 系列的書籍，深深覺的，基礎乃是最根本的實力，所以回到最基礎的地方，希望透過最基本的程式設計教學，來提供眾多的 Makers 在入門 Arduino 時，如何開始，如何攥寫自己的程式，進而介紹不同的週邊模組，主要的目的是希望學子可以學到如何使用這些週邊模組來設計程式，期望在未來產品開發時，可以更得心應手的使用這些週邊模組與感測器，更快將自己的想法實現，希望讀者可以了解與學習到作者寫書的初衷。

許智誠　　於中壢雙連坡中央大學 管理學院

自序

　　隨著資通技術(ICT)的進步與普及，取得資料不僅方便快速，傳播資訊的管道也多樣化與便利。然而，在網路搜尋到的資料卻越來越巨量，如何將在眾多的資料之中篩選出正確的資訊，進而萃取出您要的知識？如何獲得同時具廣度與深度的知識？如何一次就獲得最正確的知識？相信這些都是大家共同思考的問題。

　　為了解決這些困惱大家的問題，永忠、智誠兄與敝人計畫製作一系列「Maker系列」書籍來傳遞兼具廣度與深度的軟體開發知識，希望讀者能利用這些書籍迅速掌握正確知識。首先規劃「以一個 Maker 的觀點，找尋所有可用資源並整合相關技術，透過創意與逆向工程的技法進行設計與開發」的系列書籍，運用現有的產品或零件，透過駭入產品的逆向工程的手法，拆解後並重製其控制核心，並使用 Arduino 相關技術進行產品設計與開發等過程，讓電子、機械、電機、控制、軟體、工程進行跨領域的整合。

　　近年來 Arduino 異軍突起，在許多大學，甚至高中職、國中，甚至許多出社會的工程達人，都以 Arduino 為單晶片控制裝置，整合許多感測器、馬達、動力機構、手機、平板...等，開發出許多具創意的互動產品與數位藝術。由於 Arduino 的簡單、易用、價格合理、資源眾多，許多大專院校及社團都推出相關課程與研習機會來學習與推廣。

　　以往介紹 ICT 技術的書籍大部份以理論開始、為了深化開發與專業技術，往往忘記這些產品產品開發背後所需要的背景、動機、需求、環境因素等，讓讀者在學習之間，不容易了解當初開發這些產品的原始創意與想法，基於這樣的原因，一般人學起來特別感到吃力與迷惘。

　　本書為了讀者能夠深入了解產品開發的背景，本系列整合 Maker 自造者的觀念與創意發想，深入產品技術核心，進而開發產品，只要讀者跟著本書一步一步研習與實作，在完成之際，回頭思考，就很容易了解開發產品的整體思維。透過這樣的思路，讀者就可以輕易地轉移學習經驗至其他相關的產品實作上。

所以本書是能夠自修的書，讀完後不僅能依據書本的實作說明準備材料來製作，盡情享受 DIY(Do It Yourself)的樂趣，還能了解其原理並推展至其他應用。有興趣的讀者可再利用書後的參考文獻繼續研讀相關資料。

　　本書的發行有新的創舉，就是以電子書型式發行，在國家圖書館(http://www.ncl.edu.tw/)、國立公共資訊圖書館 National Library of Public Information(http://www.nlpi.edu.tw/)、台灣雲端圖庫(http://www.ebookservice.tw/)等都可以免費借閱與閱讀，如要購買的讀者也可以到許多電子書網路商城、Google Books 與 Google Play 都可以購買之後下載與閱讀。希望讀者能珍惜機會閱讀及學習，繼續將知識與資訊傳播出去，讓有興趣的眾人都受益。希望這個拋磚引玉的舉動能讓更多人響應與跟進，一起共襄盛舉。

　　本書可能還有不盡完美之處，非常歡迎您的指教與建議。近期還將推出其他 Arduino 相關應用與實作的書籍，敬請期待。

　　最後，請您立刻行動翻書閱讀。

蔡英德　於台中沙鹿靜宜大學主顧樓

目 錄

自序... ii

自序... iv

自序... vi

目 錄... viii

物聯網系列..- 1 -

控制 LED 燈泡...- 3 -

    發光二極體..- 4 -

    控制發光二極體發光..- 5 -

    章節小結..- 8 -

控制雙色 LED 燈泡..- 10 -

    雙色發光二極體..- 10 -

    控制雙色發光二極體發光..- 11 -

    章節小結..- 15 -

控制全彩 LED 燈泡..- 17 -

    全彩二極體..- 17 -

    控制全彩發光二極體發光..- 18 -

    章節小結..- 23 -

全彩 LED 燈泡混色原理..- 25 -

    全彩二極體..- 25 -

    混色控制全彩發光二極體發光..- 26 -

    章節小結..- 40 -

透過藍芽控制全彩 LED 燈泡..- 42 -

    全彩二極體..- 42 -

    透過藍芽控制全彩 LED 燈泡發光..- 43 -

    章節小結..- 57 -

基礎程式設計..- 60 -

    如何執行 AppInventor 程式..- 60 -

上傳電腦原始碼...- 64 -

Ameba 藍芽通訊..- 67 -

手機安裝藍芽裝置...- 72 -

安裝 Bluetooth RC APPs 應用程式 ....- 77 -

BluetoothRC 應用程式通訊測試....................................- 83 -

Ameba RTL8195AM 藍芽模組控制...............................- 90 -

手機藍芽基本通訊功能開發...- 95 -

章節小結...- 113 -

手機應用程式開發...- 115 -

開啟新專案...- 115 -

控制全彩 LED 圖形介面開發 ....- 116 -

藍芽基本通訊畫面開發..- 123 -

預覽全彩 LED 圖形介面 ....- 126 -

控制介面開發...- 127 -

Debug 介面開發...- 130 -

系統對話元件開發..- 131 -

修改系統名稱...- 132 -

控制程式開發-初始化 ....- 133 -

控制程式開發-系統初始化 ....- 136 -

系統測試-啟動 AICompanion..- 140 -

系統測試-進入系統 ....- 144 -

系統測試-控制 RGB 燈泡並預覽顏色...........................- 146 -

系統測試-控制 RGB 燈泡並實際變更顏色....................- 147 -

結束系統測試...- 151 -

章節小結...- 152 -

本書總結...- 153 -

作者介紹 ....- 154 -

附錄 ....- 155 -

    Ameba RTL8195AM 腳位圖 ....- 155 -

    Ameba RTL8195AM 更新韌體按鈕圖 ....- 156 -

    Ameba RTL8195AM 更換 DAP Firmware ....- 157 -

    Ameba RTL8195AM 安裝驅動程式 ....- 159 -

    Ameba RTL8195AM 使用多組 UART ....- 166 -

    Ameba RTL8195AM 使用多組 I2C ....- 168 -

參考文獻 ....- 170 -

物聯網系列

　　本書是『物聯網系列』之『智慧家庭篇』的第一本書，是筆者針對智慧家庭為主軸，進行開發各種智慧家庭產品之小小書系列，主要是給讀者熟悉使用 Ameba RTL8195AM 來開發物聯網之各樣產品之原型(ProtoTyping)，進而介紹這些產品衍伸出來的技術、程式攬寫技巧，以漸進式的方法介紹、使用方式、電路連接範例等等。

　　AAmeba RTL8195AM 開發板最強大的不只是它的簡單易學的開發工具，最強大的是它網路功能與簡單易學的模組函式庫，幾乎 Maker 想到應用於物聯網開發的東西，可以透過眾多的周邊模組，都可以輕易的將想要完成的東西用堆積木的方式快速建立，而且價格比原廠 Arduino Yun 或 Arduino + Wifi Shield 更具優勢，最強大的是這些周邊模組對應的函式庫，瑞昱科技有專職的研發人員不斷的支持，讓 Maker 不需要具有深厚的電子、電機與電路能力，就可以輕易駕御這些模組。

　　所以本書要介紹台灣、中國、歐美等市面上最常見的智慧家庭產品，使用逆向工程的技巧，推敲出這些產品開發的可行性技巧，並以實作方式重作這些產品，讓讀者可以輕鬆學會這些產品開發的可行性技巧，進而提升各位 Maker 的實力。

　　筆者對於 Ameba RTL8195AM 開發板，也算是先驅使用者，更感謝原廠支持筆者寫作，更協助開發更多、有用的函式庫，感謝瑞昱科技的 Yves Hsu、Sean Chang、Teresa Liu，Weiting Yeh 等先進協助，筆者不勝感激，希望筆者可以推出更多的入門書籍給更多想要進入『Ameba RTL8195AM』、『物聯網』這個未來大趨勢，所有才有這個入門系列的產生。

CHAPTER

控制 LED 燈泡

　　本書主要是教導讀者可以如何使用發光二極體來發光,進而使用全彩的發光二極體來產生各類的顏色,由維基百科[1]中得知:發光二極體(英語:Light-emitting diode,縮寫:LED)是一種能發光的半導體電子元件,透過三價與五價元素所組成的複合光源。此種電子元件早在 1962 年出現,早期只能夠發出低光度的紅光,被惠普買下專利後當作指示燈利用。及後發展出其他單色光的版本,時至今日,能夠發出的光已經遍及可見光、紅外線及紫外線,光度亦提高到相當高的程度。用途由初時的指示燈及顯示板等;隨著白光發光二極體的出現,近年逐漸發展至被普遍用作照明用途(維基百科, 2016)。

　　發光二極體只能夠往一個方向導通(通電),叫作順向偏壓,當電流流過時,電子與電洞在其內重合而發出單色光,這叫電致發光效應,而光線的波長、顏色跟其所採用的半導體物料種類與故意摻入的元素雜質有關。具有效率高、壽命長、不易破損、反應速度快、可靠性高等傳統光源不及的優點。白光 LED 的發光效率近年有所進步;每千流明成本,也因為大量的資金投入使價格下降,但成本仍遠高於其他的傳統照明。雖然如此,近年仍然越來越多被用在照明用途上(維基百科, 2016)。

　　讀者可以在市面上,非常容易取得發光二極體,價格、顏色應有盡有,可於一般電子材料行、電器行或網際網路上的網路商城、雅虎拍賣(https://tw.bid.yahoo.com/)、露天拍賣(http://www.ruten.com.tw/)、PChome 線上購物(http://shopping.pchome.com.tw/)、PCHOME 商店街(http://www.pcstore.com.tw/)...等等,購買到發光二極體。

---

[1] 維基百科由非營利組織維基媒體基金會運作,維基媒體基金會是在美國佛羅里達州登記的
501(c)(3)免稅、非營利、慈善機構(https://zh.wikipedia.org/)

發光二極體

如下圖所示，我們可以購買您喜歡的發光二極體，來當作第一次的實驗。

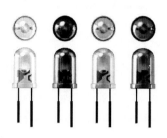

圖 1 發光二極體

如下圖所示，我們可以在維基百科中，找到發光二極體的組成元件圖(維基百科, 2016)。

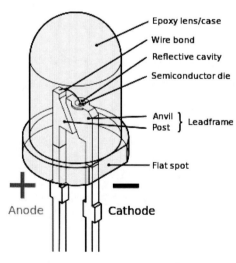

圖 2 發光二極體內部結構

資料來源:Wiki https://zh.wikipe-
dia.org/wiki/%E7%99%BC%E5%85%89%E4%BA%8C%E6%A5%B5%E7%AE%A1(維基

控制發光二極體發光

　　如下圖所示，這個實驗我們需要用到的實驗硬體有下圖.(a)的 Ameba RTL8195AM、下圖.(b) MicroUSB 下載線、下圖.(c)發光二極體、下圖.(d) 220 歐姆電阻、下圖.(e).LCD1602 液晶顯示器：

(a). Ameba RTL8195AM

(b). MicroUSB 下載線

(c). 發光二極體

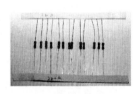

(d).220歐姆電阻

(e).LCD1602液晶顯示器(I2C)

圖 3 控制發光二極體發光所需材料表

　　讀者可以參考下圖所示之控制發光二極體發光連接電路圖，進行電路組立。

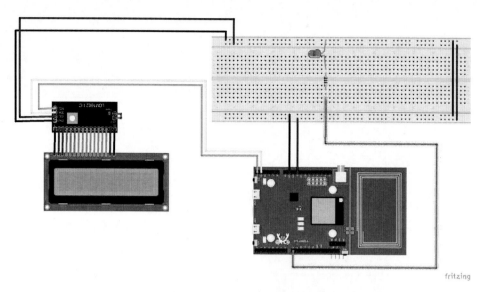

圖 4 控制發光二極體發光連接電路圖

讀者也可以參考下表之控制發光二極體發光接腳表，進行電路組立。

表 1 控制發光二極體發光接腳表

接腳	接腳說明	開發板接腳
1	麵包板 Vcc(紅線)	接電源正極(5V)
2	麵包板 GND(藍線)	接電源負極
3	220 歐姆電阻 A 端	開發板 digitalPin 8(D8)
4	220 歐姆電阻 B 端	Led 燈泡(正極端)
5	Led 燈泡(正極端)	220 歐姆電阻 B 端
6	Led 燈泡(負極端)	麵包板 GND(藍線)

- 6 -

接腳	接腳說明	開發板接腳
接腳	接腳說明	接腳名稱
1	Ground (0V)	接電源正極(5V)
2	Supply voltage; 5V (4.7V – 5.3V)	接電源負極
3	SDA	開發板 SDA Pin
4	SCL	開發板 SCL Pin21

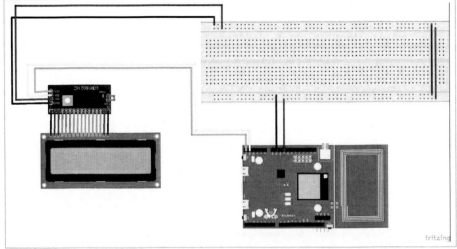

　　我們遵照前幾章所述，將 Ameba 開發板的驅動程式安裝好之後，我們打開 Ameba 開發板的開發工具：Sketch IDE 整合開發軟體(軟體下載請到：https://www.arduino.cc/en/Main/Software)，攢寫一段程式，如下表所示之控制發光二極體測試程式，控制發光二極體明滅測試(曹永忠, 許智誠, & 蔡英德, 2015f, 2015l, 2016a, 2016b)。

表 2 控制發光二極體測試程式

控制發光二極體測試程式(LED_LIGHT)

```
#define Blink_Led_Pin 8

// the setup function runs once when you press reset or power the board
void setup() {
  // initialize digital pin Blink_Led_Pin as an output.
  pinMode(Blink_Led_Pin, OUTPUT);      //定義 Blink_Led_Pin 為輸出腳位
```

```
}

// the loop function runs over and over again forever
void loop() {
  digitalWrite(Blink_Led_Pin, HIGH);     // 將腳位 Blink_Led_Pin 設定為高電位
turn the LED on (HIGH is the voltage level)
  delay(1000);                           //休息 1 秒 wait for a second
  digitalWrite(Blink_Led_Pin, LOW);      // 將腳位 Blink_Led_Pin 設定為低電位
turn the LED off by making the voltage LOW
  delay(1000);                           // 休息 1 秒 wait for a second
}
```

程式下載：https://github.com/brucetsao/eHUE_Bulb

如下圖所示，我們可以看到控制發光二極體測試程式結果畫面。

圖 5 控制發光二極體測試程式結果畫面

章節小結

本章主要介紹之 Ameba 開發板使用與連接發光二極體，透過本章節的解說，相信讀者會對連接、使用發光二極體，並控制明滅，有更深入的了解與體認。

CHAPTER

控制雙色 LED 燈泡

上章節介紹控制發光二極體明滅，相信讀者應該可以駕輕就熟，本章介紹雙色發光二極體，雙色發光二極體用於許多產品開發者於產品狀態指示使用(曹永忠 et al., 2015f, 2015l; 曹永忠, 許智誠, et al., 2016a, 2016b)。

讀者可以在市面上，非常容易取得雙色發光二極體，價格、顏色應有盡有，可於一般電子材料行、電器行或網際網路上的網路商城、雅虎拍賣(https://tw.bid.yahoo.com/)、露天拍賣(http://www.ruten.com.tw/)、PChome 線上購物(http://shopping.pchome.com.tw/)、PCHOME 商店街(http://www.pcstore.com.tw/)...等等，購買到雙色發光二極體。

雙色發光二極體

如下圖所示，我們可以購買您喜歡的雙色發光二極體，來當作第一次的實驗。

圖 6 雙色發光二極體

如上圖所示，接腳跟一般發光二極體的組成元件圖(維基百科, 2016)類似，只是在製作上把兩個發光二極體做在一起，把共地或共陽的腳位整合成一隻腳位。

控制雙色發光二極體發光

　　如下圖所示，這個實驗我們需要用到的實驗硬體有下圖.(a)的 Ameba

RTL8195AM、下圖.(b) MicroUSB 下載線、下圖.(c)雙色發光二極體、下圖.(d) 220

歐姆電阻、下圖.(e).LCD1602 液晶顯示器：

(a). Ameba RTL8195AM

(b). MicroUSB 下載線

(c). 雙色發光二極體

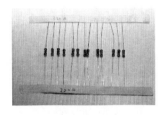

(d).220歐姆電阻

(e).LCD1602液晶顯示器(I2C)

圖 7 控制雙色發光二極體需材料表

　　讀者可以參考下圖所示之控制雙色發光二極體連接電路圖，進行電路組立。

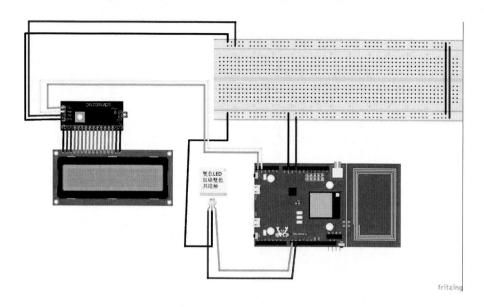

圖 8 控制雙色發光二極體發光連接電路圖

讀者也可以參考下表之控制雙色發光二極體接腳表，進行電路組立。

表 3 控制雙色發光二極體接腳表

接腳	接腳說明	開發板接腳
1	麵包板 Vcc(紅線)	接電源正極(5V)
2	麵包板 GND(藍線)	接電源負極
3	220 歐姆電阻 A 端(1 號)	開發板 digitalPin 8(D8)
3A	220 歐姆電阻 A 端(2 號)	開發板 digitalPin 8(D9)
4	220 歐姆電阻 B 端(1/2 號)	Led 燈泡(正極端)
5	Led 燈泡(G 端:綠色)	220 歐姆電阻 B 端(1 號)
5	Led 燈泡(R 端:紅色)	220 歐姆電阻 B 端(2 號)
6	Led 燈泡(負極端)	麵包板 GND(藍線)

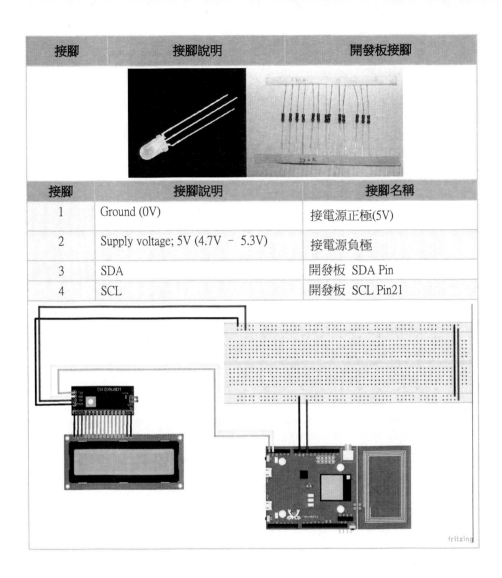

接腳	接腳說明	接腳名稱
1	Ground (0V)	接電源正極(5V)
2	Supply voltage; 5V (4.7V – 5.3V)	接電源負極
3	SDA	開發板 SDA Pin
4	SCL	開發板 SCL Pin21

我們遵照前幾章所述,將 Ameba 開發板的驅動程式安裝好之後,我們打開 Ameba 開發板的開發工具 : Sketch IDE 整合開發軟體(軟體下載請到 : https://www.arduino.cc/en/Main/Software),撰寫一段程式,如下表所示之控制雙色發光二極體測試程式,控制雙色發光二極體明滅測試。(曹永忠 et al., 2015f, 2015l; 曹永忠, 許智誠, et al., 2016a, 2016b)

表 4 控制雙色發光二極體測試程式

控制雙色發光二極體測試程式(LED_LIGHT)

```
#define Led_Green_Pin 8
#define Led_Red_Pin 9
// the setup function runs once when you press reset or power the board
void setup() {
    // initialize digital pin Blink_Led_Pin as an output.
    pinMode(Led_Red_Pin, OUTPUT);        //定義 Led_Red_Pin 為輸出腳位
    pinMode(Led_Green_Pin, OUTPUT);      //定義 Led_Green_Pin 為輸出腳位
    digitalWrite(Led_Red_Pin,LOW) ;
    digitalWrite(Led_Green_Pin,LOW) ;
}


// the loop function runs over and over again forever
void loop() {
    digitalWrite(Led_Green_Pin, HIGH);
    delay(1000);                    //休息 1 秒 wait for a second
    digitalWrite(Led_Green_Pin, LOW);
    delay(1000);                    // 休息 1 秒 wait for a second
    digitalWrite(Led_Red_Pin, HIGH);
    delay(1000);                    //休息 1 秒 wait for a second
    digitalWrite(Led_Red_Pin, LOW);
    delay(1000);                    // 休息 1 秒 wait for a second
    digitalWrite(Led_Green_Pin, HIGH);
    digitalWrite(Led_Red_Pin, HIGH);
    delay(1000);                    //休息 1 秒 wait for a second
    digitalWrite(Led_Green_Pin, LOW);
    digitalWrite(Led_Red_Pin, LOW);
    delay(1000);                    // 休息 1 秒 wait for a second
}
```

程式下載：https://github.com/brucetsao/eHUE_Bulb

讀者也可以在作者 YouTube 頻道(https://www.youtube.com/user/UltimaBruce)中，在網址 https://www.youtube.com/watch?v=TCVrlSwZIqI&feature=youtu.be ，看到本次實驗-控制雙色發光二極體測試程式結果畫面。

如下圖所示，我們可以看到控制雙色發光二極體測試程式結果畫面。

圖 9 控制雙色發光二極體測試程式結果畫面

章節小結

　　本章主要介紹之 Ameba 開發板使用與連接雙色發光二極體，透過本章節的解說，相信讀者會對連接、使用雙色發光二極體，並控制不同顏色明滅，有更深入的了解與體認。

3

CHAPTER

控制全彩 LED 燈泡

上章節介紹控制雙色發光二極體明滅(曹永忠 et al., 2015f, 2015l; 曹永忠, 許智誠, et al., 2016a, 2016b)，相信讀者應該可以駕輕就熟，本章介紹全彩發光二極體，在許多彩色字幕機中(曹永忠, 許智誠, & 蔡英德, 2014; 曹永忠, 許智誠, & 蔡英德, 2014b, 2014c, 2014d, 2014e, 2014f)，全彩發光二極體獨佔鰲頭，更有許多應用。

讀者可以在市面上，非常容易取得全彩發光二極體，價格、顏色應有盡有，可於一般電子材料行、電器行或網際網路上的網路商城、雅虎拍賣(https://tw.bid.yahoo.com/)、露天拍賣(http://www.ruten.com.tw/)、PChome 線上購物(http://shopping.pchome.com.tw/)、PCHOME 商店街(http://www.pcstore.com.tw/)...等等，購買到全彩發光二極體。

全彩二極體

如下圖所示，我們可以購買您喜歡的全彩發光二極體，來當作這次的實驗。

圖 10 全彩發光二極體

如下圖所示，一般全彩發光二極體有兩種，一種是共陽極，另一種是共陰極(一般俗稱共地)，只要將下圖(+)接在+5V 或下圖(-)接在 GND，用其他 R、G、B 三隻腳位分別控制紅色、綠色、藍色三種顏色的明滅，就可以產生彩色的顏色效果。

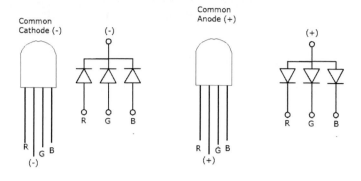

圖 11 全彩發光二極體腳位

控制全彩發光二極體發光

如下圖所示，這個實驗我們需要用到的實驗硬體有下圖.(a)的 Ameba RTL8195AM、下圖.(b) MicroUSB 下載線、下圖.(c) 全彩發光二極體、下圖.(d) 220 歐姆電阻、下圖.(e).LCD1602 液晶顯示器：

(a). Ameba RTL8195AM　　　　(b). MicroUSB 下載線

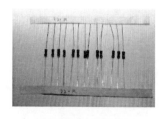

(c). 全彩發光二極體　　　　(d).220歐姆電阻

(e).LCD1602液晶顯示器(I2C)

圖 12 控制全彩發光二極體所需材料表

讀者可以參考下圖所示之控制全彩發光二極體連接電路圖,進行電路組立。

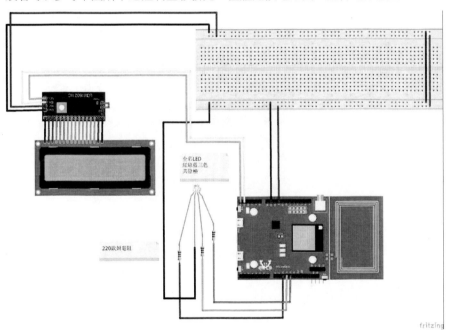

圖 13 控制全彩發光二極體連接電路圖

讀者也可以參考下表之控制全彩發光二極體接腳表,進行電路組立。

表 5 控制全彩發光二極體接腳表

接腳	接腳說明	開發板接腳
1	麵包板 Vcc(紅線)	接電源正極(5V)
2	麵包板 GND(藍線)	接電源負極
3	220 歐姆電阻 A 端(1 號)	開發板 digitalPin 10(D10)
3A	220 歐姆電阻 A 端(2 號)	開發板 digitalPin 11(D11)
3B	220 歐姆電阻 A 端(3 號)	開發板 digitalPin 12(D12)
4	220 歐姆電阻 B 端(1/2/3 號)	Led 燈泡(正極端)
5	Led 燈泡(R 端:紅色)	220 歐姆電阻 B 端(1 號)
5	Led 燈泡 G 端:綠色)	220 歐姆電阻 B 端(2 號)
5	Led 燈泡(B 端:藍色)	220 歐姆電阻 B 端(3 號)
6	Led 燈泡(負極端)	麵包板 GND(藍線)

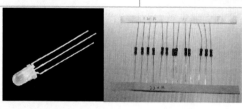

接腳	接腳說明	接腳名稱
1	Ground (0V)	接電源正極(5V)
2	Supply voltage; 5V (4.7V – 5.3V)	接電源負極
3	SDA	開發板 SDA Pin
4	SCL	開發板 SCL Pin21

接腳	接腳說明	開發板接腳

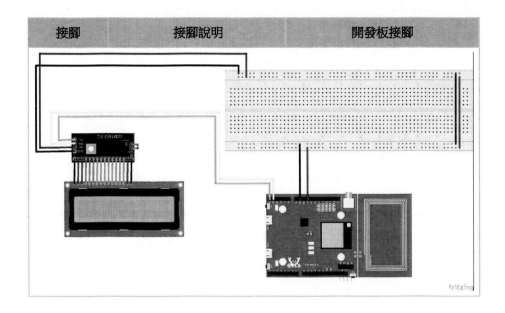

我們遵照前幾章所述，將 Ameba 開發板的驅動程式安裝好之後，我們打開 Ameba 開發板的開發工具：Sketch IDE 整合開發軟體(軟體下載請到：https://www.arduino.cc/en/Main/Software)，攥寫一段程式，如下表所示之控制全彩發光二極體測試程式，控制全彩發光二極體紅色、綠色、藍色明滅測試。(曹永忠 et al., 2015f, 2015l; 曹永忠, 許智誠, et al., 2016a, 2016b)

表 6 控制全彩發光二極體測試程式

控制全彩發光二極體測試程式(RGBLED_LIGHT)
#define Led_Red_Pin 10
#define Led_Green_Pin 11
#define Led_Blue_Pin 12
// the setup function runs once when you press reset or power the board
void setup() {
// initialize digital pin Blink_Led_Pin as an output.
pinMode(Led_Red_Pin, OUTPUT);   //定義 Led_Red_Pin 為輸出腳位
pinMode(Led_Green_Pin, OUTPUT);   //定義 Led_Green_Pin 為輸出腳位
pinMode(Led_Blue_Pin, OUTPUT);   //定義 Led_Green_Pin 為輸出腳位
digitalWrite(Led_Red_Pin,LOW) ;
digitalWrite(Led_Green_Pin,LOW) ;
digitalWrite(Led_Blue_Pin,LOW) ;

```
}

// the loop function runs over and over again forever
void loop() {
    digitalWrite(Led_Red_Pin, HIGH);
    delay(1000);                    //休息 1 秒 wait for a second
    digitalWrite(Led_Red_Pin, LOW);
    delay(1000);                    // 休息 1 秒 wait for a second
    digitalWrite(Led_Green_Pin, HIGH);
    delay(1000);                    //休息 1 秒 wait for a second
    digitalWrite(Led_Green_Pin, LOW);
    delay(1000);                    // 休息 1 秒 wait for a second
    digitalWrite(Led_Blue_Pin, HIGH);
    delay(1000);                    //休息 1 秒 wait for a second
    digitalWrite(Led_Blue_Pin, LOW);
    delay(1000);                    // 休息 1 秒 wait for a second
    digitalWrite(Led_Red_Pin, HIGH);
    digitalWrite(Led_Green_Pin, HIGH);
    digitalWrite(Led_Blue_Pin, LOW);
    delay(1000);                    //休息 1 秒 wait for a second
    digitalWrite(Led_Red_Pin, HIGH);
    digitalWrite(Led_Green_Pin, LOW);
    digitalWrite(Led_Blue_Pin, HIGH);
    delay(1000);                    //休息 1 秒 wait for a second
    digitalWrite(Led_Red_Pin, LOW);
    digitalWrite(Led_Green_Pin, HIGH);
    digitalWrite(Led_Blue_Pin,HIGH );
    delay(1000);                    //休息 1 秒 wait for a second

// all color turn off
    digitalWrite(Led_Red_Pin, LOW);
    digitalWrite(Led_Green_Pin, LOW);
    digitalWrite(Led_Blue_Pin, LOW);
    delay(1000);                    //休息 1 秒 wait for a second

}
```

程式下載：https://github.com/brucetsao/eHUE_Bulb

讀者也可以在作者 YouTube 頻道(https://www.youtube.com/user/UltimaBruce)中，在網址 https://www.youtube.com/watch?v=4H5nZ75OhC4&feature=youtu.be ，看到本次實驗-控制全彩發光二極體測試程式結果畫面。

如下圖所示，我們可以看到控制全彩發光二極體測試程式結果畫面。

圖 14 控制控制全彩發光二極體測試程式結果畫面

章節小結

本章主要介紹之 Ameba 開發板使用與連接全彩發光二極體，透過本章節的解說，相信讀者會對連接、使用全彩發光二極體，並控制不同顏色明滅，有更深入的了解與體認。

4
CHAPTER

全彩 LED 燈泡混色原理

上章節介紹控制全彩發光二極體，使用數位輸出方式來控制全彩發光二極體，可以說是兩階段輸出，要就全亮，要就全滅，其實一般說來，發光二極體可以控制其亮度，透過亮度控制，可以達到該顏色深淺，透過 RGB(紅色、綠色、藍色)的各種顏色色階的混色原理，可以造出許多顏色，透過人類眼睛視覺，可以感覺各種顏色產生。

讀者可以在市面上，非常容易取得全彩發光二極體，價格、顏色應有盡有，可於一般電子材料行、電器行或網際網路上的網路商城、雅虎拍賣(https://tw.bid.yahoo.com/)、露天拍賣(http://www.ruten.com.tw/)、PChome 線上購物(http://shopping.pchome.com.tw/)、PCHOME 商店街(http://www.pcstore.com.tw/)...等等，購買到全彩發光二極體。

本章節要介紹讀者，透過 Arduino IDE 的序列埠監控視窗(曹永忠, 許智誠, & 蔡英德, 2015c, 2015d; 曹永忠 et al., 2015f; 曹永忠, 許智誠, & 蔡英德, 2015g, 2015h, 2015i, 2015j; 曹永忠 et al., 2015l; 曹永忠, 許智誠, et al., 2016a, 2016b)，透過序列埠輸入，將 RGB(紅色、綠色、藍色)三個顏色的代碼輸入，透過解碼來還原 RGB(紅色、綠色、藍色)三個顏色值，進而填入全彩發光二極體的發光顏色電壓，來控制顏色。

全彩二極體

如下圖所示，我們可以購買您喜歡的全彩發光二極體，來當作這次的實驗。

圖 15 全彩發光二極體

　　如下圖所示，一般全彩發光二極體有兩種，一種是共陽極，另一種是共陰極(一般俗稱共地)，只要將下圖(+)接在+5V 或下圖(-)接在 GND，用其他 R、G、B 三隻腳位分別控制紅色、綠色、藍色三種顏色的明滅，就可以產生彩色的顏色效果。

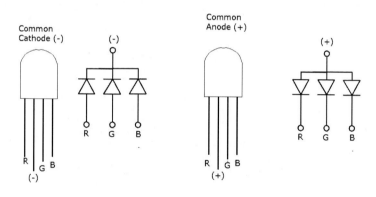

圖 16 全彩發光二極體腳位

混色控制全彩發光二極體發光

　　如下圖所示，這個實驗我們需要用到的實驗硬體有下圖.(a)的 Ameba RTL8195AM、下圖.(b) MicroUSB　下載線、下圖.(c) 全彩發光二極體、下圖.(d) 220 歐姆電阻、下圖.(e).LCD1602 液晶顯示器：

(a). Ameba RTL8195AM

(b). MicroUSB 下載線

(c). 全彩發光二極體

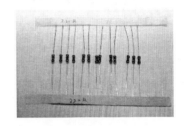

(d).220歐姆電阻

(e).LCD1602液晶顯示器(I2C)

圖 17 控制全彩發光二極體所需材料表

讀者可以參考下圖所示之控制全彩發光二極體連接電路圖，進行電路組立。

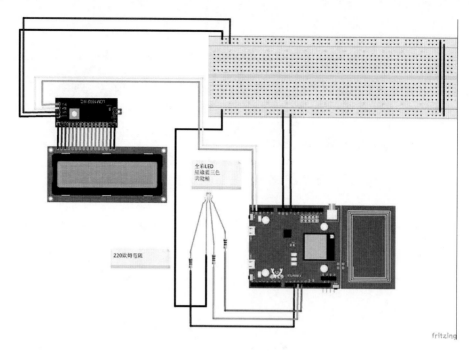

圖 18 控制全彩發光二極體連接電路圖

讀者也可以參考下表之控制全彩發光二極體接腳表，進行電路組立。

表 7 控制全彩發光二極體接腳表

接腳	接腳說明	開發板接腳
1	麵包板 Vcc(紅線)	接電源正極(5V)
2	麵包板 GND(藍線)	接電源負極
3	220 歐姆電阻 A 端(1 號)	開發板 digitalPin 10(D10)
3A	220 歐姆電阻 A 端(2 號)	開發板 digitalPin 11(D11)
3B	220 歐姆電阻 A 端(3 號)	開發板 digitalPin 12(D12)
4	220 歐姆電阻 B 端(1/2/3 號)	Led 燈泡(正極端)
5	Led 燈泡(R 端:紅色)	220 歐姆電阻 B 端(1 號)

接腳	接腳說明	開發板接腳
5	Led 燈泡 G 端:綠色)	220 歐姆電阻 B 端(2 號)
5	Led 燈泡(B 端:藍色)	220 歐姆電阻 B 端(3 號)
6	Led 燈泡(負極端)	麵包板 GND(藍線)

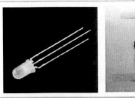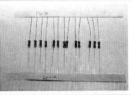

接腳	接腳說明	接腳名稱
1	Ground (0V)	接電源正極(5V)
2	Supply voltage; 5V (4.7V – 5.3V)	接電源負極
3	SDA	開發板 SDA Pin
4	SCL	開發板 SCL Pin21

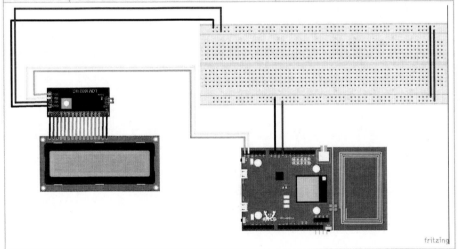

　　我們遵照前幾章所述，將 Ameba 開發板的驅動程式安裝好之後，我們打開 Ameba 開發板的開發工具：Sketch IDE 整合開發軟體(軟體下載請到：https://www.arduino.cc/en/Main/Software)，撰寫一段程式，如下表所示之控制全彩發光二極體測試程式，控制全彩發光二極體紅色、綠色、藍色明滅測試。(曹永忠 et al.,

2015f, 2015l; 曹永忠, 許智誠, et al., 2016a, 2016b)

表 8 混色控制全彩發光二極體測試程式

混色控制全彩發光二極體測試程式(ControlRGBLed)

```
#include <String.h>
#define Led_Red_Pin 10    //Red Light of RGB Led
#define Led_Green_Pin 11     //Green Light of RGB Led
#define Led_Blue_Pin 12     //Blue Light of RGB Led
byte RedValue = 0, GreenValue = 0, BlueValue = 0;
String ReadStr = "        " ;
void setup() {
  // put your setup code here, to run once:
  pinMode(Led_Red_Pin, OUTPUT) ;
  pinMode(Led_Green_Pin, OUTPUT) ;
  pinMode(Led_Blue_Pin, OUTPUT) ;
  analogWrite(Led_Red_Pin,0) ;
  analogWrite(Led_Green_Pin,0) ;
  analogWrite(Led_Blue_Pin,0) ;

  Serial.begin(9600) ;
  Serial.println("Program Start Here") ;
}

void loop() {
  // put your main code here, to run repeatedly:
  if (Serial.available() >0)
  {
    ReadStr = Serial.readStringUntil(0x23) ;
    //  Serial.read() ;
      Serial.print("ReadString is :(") ;
       Serial.print(ReadStr) ;
       Serial.print(")\n") ;
        if (DecodeString(ReadStr,&RedValue,&GreenValue,&BlueValue) )
           {
             Serial.println("Change RGB Led Color") ;
             analogWrite(Led_Red_Pin , RedValue)    ;
             analogWrite(Led_Green_Pin , GreenValue)   ;
             analogWrite(Led_Blue_Pin , BlueValue)   ;
```

```
                        }
        }


}

boolean DecodeString(String INPStr, byte *r, byte *g , byte *b)
{
                        Serial.print("check sgtring:(") ;
                        Serial.print(INPStr) ;
                                Serial.print(")\n") ;


        int i = 0 ;
        int strsize = INPStr.length();
        for(i = 0 ; i <strsize ;i++)
                {
                        Serial.print(i) ;
                        Serial.print(":(") ;
                                Serial.print(INPStr.substring(i,i+1)) ;
                        Serial.print(")\n") ;

                if (INPStr.substring(i,i+1) == "@")
                        {
                        Serial.print("find @ at :(") ;
                        Serial.print(i) ;
                                Serial.print("/") ;
                                        Serial.print(strsize-i-1) ;
                                Serial.print("/") ;
                                        Serial.print(INPStr.substring(i+1,strsize)) ;
                        Serial.print(")\n") ;
                          *r = byte(INPStr.substring(i+1,i+1+3).toInt()) ;
                          *g = byte(INPStr.substring(i+1+3,i+1+3+3).toInt() ) ;
                          *b = byte(INPStr.substring(i+1+3+3,i+1+3+3+3).toInt() ) ;
                          Serial.print("convert into :(") ;
                           Serial.print(*r) ;
                            Serial.print("/") ;
                            Serial.print(*g) ;
                            Serial.print("/") ;
```

```
                    Serial.print(*b) ;
                    Serial.print(")\n") ;


                    return true ;
                }
            }
    return false ;


}
```

如下圖所示，我們可以看到混色控制全彩發光二極體測試程式結果畫面。

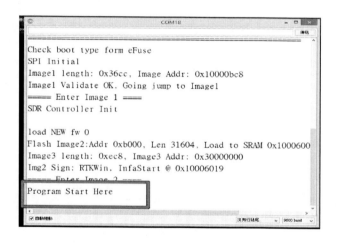

圖 19 混色控制控制全彩發光二極體測試程式結果畫面

　　由於透過序列埠輸入，將 RGB(紅色、綠色、藍色)三個顏色的代碼輸入，透過解碼來還原 RGB(紅色、綠色、藍色)三個顏色值，進而填入全彩發光二極體的發光顏色電壓，來控制顏色。

　　所以我們使用了『@』這個指令，來當作所有的資料開頭，接下來就是第一個紅色燈光的值，其紅色燈光的值使用『000』~『255』來當作紅色顏色的顏色值，『000』代表紅色燈光全滅，『255』代表紅色燈光全亮，中間的值則為線性明暗之間為主。

　接下來就是第二個綠色燈光的值，其綠色燈光的值使用『000』~『255』來當作綠色顏色的顏色值，『000』代表綠色燈光全滅，『255』代表綠色燈光全亮，中間的值則為線性明暗之間為主。

　最後一個藍色燈光的值，其藍色燈光的值使用『000』~『255』來當作藍色顏色的顏色值，『000』代表藍色燈光全滅，『255』代表藍色燈光全亮，中間的值則為線性明暗之間為主。

　在所有顏色資料傳送完畢之後，所以我們使用了『#』這個指令，來當作所有的資料的結束，如下圖所示，我們輸入

@255000000#

如下圖所示，程式就會進行解譯為：R=255，G=000，B=000：

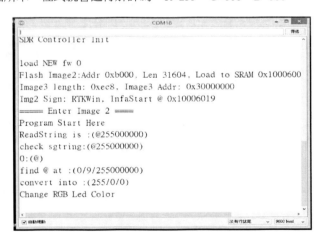

圖 20 @255000000#結果畫面

如下圖所示，我們可以看到混色控制全彩發光二極體測試程式結果畫面。

圖 21 @255000000#燈泡顯示

第二次測試

如下圖所示，我們輸入

@000255000#

如下圖所示，程式就會進行解譯為：R=000，G=255，B=000：

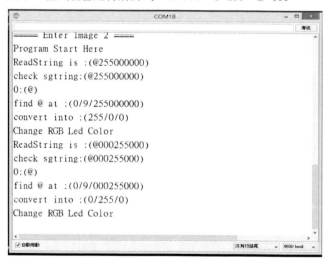

圖 22 @000255000#結果畫面

如下圖所示，我們可以看到混色控制全彩發光二極體測試程式結果畫面。

圖 23 @000255000#燈泡顯示

第三次測試

如下圖所示，我們輸入

@000000255#

如下圖所示，程式就會進行解譯為：R=000，G=000，B=255：

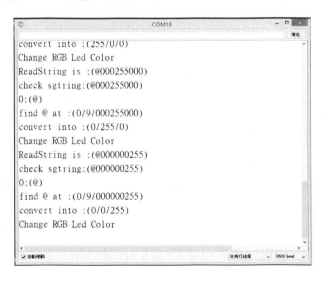

圖 24 @000000255#結果畫面

如下圖所示，我們可以看到混色控制全彩發光二極體測試程式結果畫面。

圖 25 @000000255#燈泡顯示

第四次測試(錯誤值)

如下圖所示，我們輸入

128128000#

如下圖所示，我們希望程式就會進行解譯為：R=128，G=128，B=000：

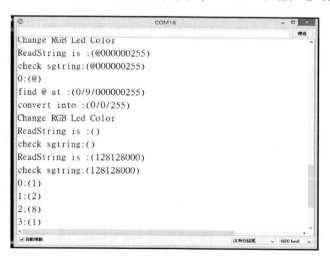

圖 26 128128000#結果畫面

但是在上圖所示，我們可以看到缺乏使用了『@』這個指令來當作所有的資料開頭值，所以無法判別那個值，而無法解譯成功，該 DecodeString(String INPStr, byte *r, byte *g , byte *b)傳回 FALSE，而不進行改變顏色。

第五次測試

如下圖所示，我們輸入

@128128000#

如下圖所示，程式就會進行解譯為：R=128，G=128，B=000：

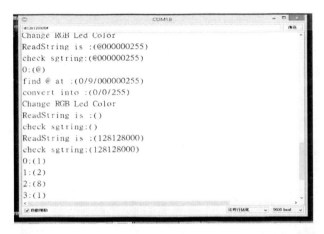
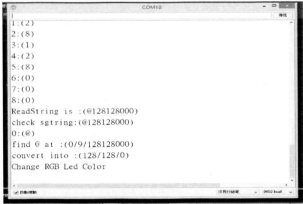

圖 27 @128128000#結果畫面

如下圖所示，我們可以看到混色控制全彩發光二極體測試程式結果畫面。

圖 28 @128128000#燈泡顯示

第六次測試

如下圖所示，我們輸入

@128000128#

如下圖所示，程式就會進行解譯為：R=128，G=000，B=128：

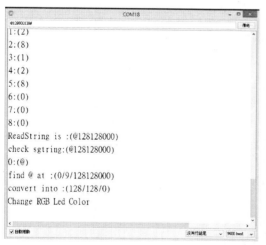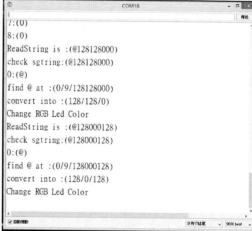

圖 29 @128000128#結果畫面

如下圖所示，我們可以看到混色控制全彩發光二極體測試程式結果畫面。

圖 30 @128000128#燈泡顯示

第七次測試

如下圖所示，我們輸入

@000255255#

如下圖所示，程式就會進行解譯為：R=000，G=255，B=255：

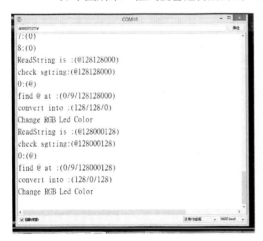

圖 31 @000255255#結果畫面

如下圖所示，我們可以看到混色控制全彩發光二極體測試程式結果畫面。

圖 32 @000255255#燈泡顯示

章節小結

　　本章主要介紹之 Ameba 開發板使用與連接全彩發光二極體，透過外部輸入 RGB 三原色代碼，來控制 RGB 三原色混色，產生想要的顏色，透過本章節的解說，相信讀者會對連接、使用全彩發光二極體，並透過外部輸入 RGB 三原色代碼，來控制 RGB 三原色混色，產生想要的顏色，有更深入的了解與體認。

5

CHAPTER

透過藍芽控制全彩 LED 燈泡

上章節介紹透過 Arduino IDE 的序列埠監控視窗(曹永忠 et al., 2015c, 2015d, 2015f, 2015g, 2015h, 2015i, 2015j, 2015l; 曹永忠, 許智誠, et al., 2016a, 2016b)，透過序列埠輸入，將 RGB(紅色、綠色、藍色)三個顏色的代碼輸入，透過解碼來還原 RGB(紅色、綠色、藍色)三個顏色值，進而填入全彩發光二極體的發光顏色電壓，來控制顏色。

讀者可以在市面上，非常容易取得全彩發光二極體，價格、顏色應有盡有，可於一般電子材料行、電器行或網際網路上的網路商城、雅虎拍賣 (https://tw.bid.yahoo.com/)、露天拍賣(http://www.ruten.com.tw/)、PChome 線上購物 (http://shopping.pchome.com.tw/)、PCHOME 商店街(http://www.pcstore.com.tw/)...等等，購買到全彩發光二極體。

本章節要介紹讀者，透過手機 BlueToothRC 應用程式之鍵盤輸入子功能輸入，透過手機藍芽與開發版藍芽裝置相互傳輸進行通訊，透過 BlueToothRC 應用軟體(曹永忠, 許智誠, & 蔡英德, 2014a, 2015a, 2015b; 曹永忠 et al., 2015c, 2015d; 曹永忠, 許智誠, & 蔡英德, 2015e, 2015k; 曹永忠, 郭晋魁, 許智誠, & 蔡英德, 2016a, 2016b)，使用 ASCII 文字輸入，將 RGB(紅色、綠色、藍色)三個顏色的代碼輸入，透過解碼來還原 RGB(紅色、綠色、藍色)三個顏色值，進而填入全彩發光二極體的發光顏色電壓，來控制顏色。

全彩二極體

如下圖所示，我們可以購買您喜歡的全彩發光二極體，來當作這次的實驗。

圖 33 全彩發光二極體

　　如下圖所示，一般全彩發光二極體有兩種，一種是共陽極，另一種是共陰極(一般俗稱共地)，只要將下圖(+)接在+5V 或下圖(-)接在 GND，用其他 R、G、B 三隻腳位分別控制紅色、綠色、藍色三種顏色的明滅，就可以產生彩色的顏色效果。

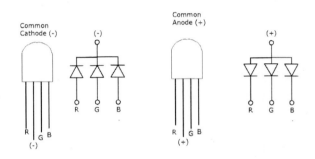

圖 34 全彩發光二極體腳位

透過藍芽控制全彩 LED 燈泡發光

　　如下圖所示，這個實驗我們需要用到的實驗硬體有下圖.(a)的 Ameba RTL8195AM、下圖.(b) MicroUSB 下載線、下圖.(c) 全彩發光二極體、下圖.(d) 220 歐姆電阻、下圖.(e).LCD1602 液晶顯示器、下圖.(f).HC-05 藍芽裝置：

(a). Ameba RTL8195AM

(b). MicroUSB 下載線

(c). 全彩發光二極體

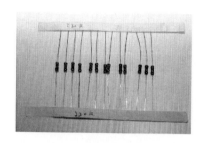

(d).220歐姆電阻

(e).LCD1602液晶顯示器(I2C)

(f).HC-05藍芽裝置

圖 35 透過藍芽控制全彩 LED 所需材料表

讀者可以參考下圖所示之透過藍芽控制全彩 LED 接電路圖，進行電路組立。

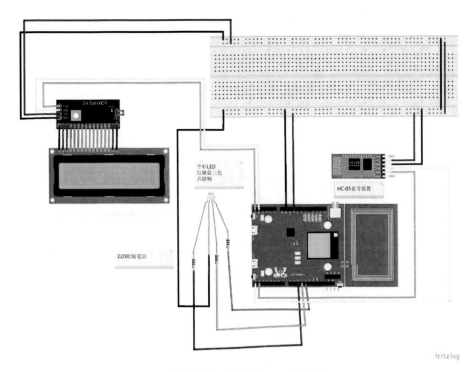

圖 36 透過藍芽控制全彩 LED 電路圖

讀者也可以參考下表之透過藍芽控制全彩 LED 接腳表，進行電路組立。

表 9 透過藍芽控制全彩 LED 接腳表

接腳	接腳說明	開發板接腳
1	麵包板 Vcc(紅線)	接電源正極(5V)
2	麵包板 GND(藍線)	接電源負極
3	220 歐姆電阻 A 端(1 號)	開發板 digitalPin 10(D10)
3A	220 歐姆電阻 A 端(2 號)	開發板 digitalPin 11(D11)
3B	220 歐姆電阻 A 端(3 號)	開發板 digitalPin 12(D12)
4	220 歐姆電阻 B 端(1/2/3 號)	Led 燈泡(正極端)

接腳	接腳說明	開發板接腳
5	Led 燈泡(R 端:紅色)	220 歐姆電阻 B 端(1 號)
5	Led 燈泡 G 端:綠色)	220 歐姆電阻 B 端(2 號)
5	Led 燈泡(B 端:藍色)	220 歐姆電阻 B 端(3 號)
6	Led 燈泡(負極端)	麵包板 GND(藍線)

 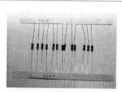

接腳	接腳說明	接腳名稱
1	Ground (0V)	接電源正極(5V)
2	Supply voltage; 5V (4.7V – 5.3V)	接電源負極
3	SDA	開發板 SDA Pin
4	SCL	開發板 SCL Pin21

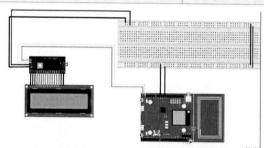

接腳	接腳說明	接腳名稱
1	Ground (0V)	接電源正極(5V)
2	Supply voltage; 5V (4.7V – 5.3V)	接電源負極
3	TXD	開發板 digital Pin 1
4	RXD	開發板 digital Pin 0

接腳	接腳說明	開發板接腳

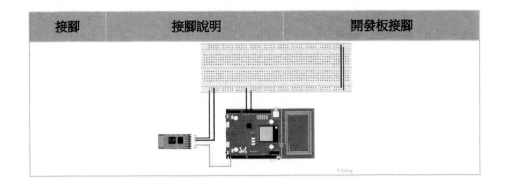

我們遵照前幾章所述，將 Ameba 開發板的驅動程式安裝好之後，我們打開 Ameba 開發板的開發工具：Sketch IDE 整合開發軟體(軟體下載請到：https://www.arduino.cc/en/Main/Software)，攥寫一段程式，如下表所示之透過藍芽控制全彩 LED 測試程式，控制全彩發光二極體紅色、綠色、藍色明滅測試。(曹永忠 et al., 2015f, 2015l; 曹永忠, 許智誠, et al., 2016a, 2016b)

表 10 透過藍芽控制全彩 LED 測試程式

透過藍芽控制全彩 LED 測試程式(BTControlRGBLed)
#include "String.h"
#include <SoftwareSerial.h>
#include <Wire.h>
#include <LiquidCrystal_I2C.h>
#define Led_Red_Pin 10   //Red Light of RGB Led
#define Led_Green_Pin 11   //Green Light of RGB Led
#define Led_Blue_Pin 12   //Blue Light of RGB Led
byte RedValue = 0, GreenValue = 0, BlueValue = 0;
String ReadStr = "   " ;
LiquidCrystal_I2C lcd(0x3F, 2, 1, 0, 4, 5, 6, 7, 3, POSITIVE);   // 設定 LCD I2C 位址
SoftwareSerial mySerial(0, 1); // RX, TX
void setup() {
// put your setup code here, to run once:
pinMode(Led_Red_Pin, OUTPUT) ;
pinMode(Led_Green_Pin, OUTPUT) ;

```
    pinMode(Led_Blue_Pin, OUTPUT) ;
    analogWrite(Led_Red_Pin,0) ;
    analogWrite(Led_Green_Pin,0) ;
    analogWrite(Led_Blue_Pin,0) ;

    Serial.begin(9600) ;
    Serial.println("Program Start Here") ;
        mySerial.begin(9600); //
    lcd.begin(16, 2);         // 初始化 LCD，一行 20 的字元，共 4 行，預設開啟
背光
    lcd.backlight(); // 開啟背光
    lcd.setCursor ( 0, 0 );            // go to home
       lcd.print("RGB Led");
       delay(2000) ;     //wait 2 seconds

}

void loop() {
    // put your main code here, to run repeatedly:
    if (mySerial.available() >0)
    {
       ReadStr = mySerial.readStringUntil(0x23) ;
        //   Serial.read() ;
         Serial.print("ReadString is :(") ;
          Serial.print(ReadStr) ;
          Serial.print(")\n") ;
            if (DecodeString(ReadStr,&RedValue,&GreenValue,&BlueValue) )
               {
                  Serial.println("Change RGB Led Color") ;
                  analogWrite(Led_Red_Pin , RedValue)   ;
                  analogWrite(Led_Green_Pin , GreenValue)   ;
                  analogWrite(Led_Blue_Pin , BlueValue)   ;
                    lcd.setCursor(0,1);
                    lcd.print(RedValue);
                  lcd.print("/");
                    lcd.print(GreenValue);
                  lcd.print("/");
                    lcd.print(BlueValue);
```

```
                Serial.print(RedValue);
            Serial.print("/");
             Serial.print(GreenValue);
            Serial.print("/");
             Serial.print(BlueValue);
            Serial.print("\n");


                }

    }


    delay(300) ;
}

boolean DecodeString(String INPStr, byte *r, byte *g , byte *b)
{
                        Serial.print("check sgtring:(") ;
                        Serial.print(INPStr) ;
                            Serial.print(")\n") ;


        int i = 0 ;
        int strsize = INPStr.length();
        for(i = 0 ; i <strsize ;i++)
            {
                        Serial.print(i) ;
                        Serial.print(":(") ;
                            Serial.print(INPStr.substring(i,i+1)) ;
                        Serial.print(")\n") ;


            if (INPStr.substring(i,i+1) == "@")
                {
                    Serial.print("find @ at :(") ;
                    Serial.print(i) ;
                        Serial.print("/") ;
                                Serial.print(strsize-i-1) ;
                        Serial.print("/") ;
                                Serial.print(INPStr.substring(i+1,strsize)) ;
                    Serial.print(")\n") ;
                     *r = byte(INPStr.substring(i+1,i+1+3).toInt()) ;
```

```
            *g = byte(INPStr.substring(i+1+3,i+1+3+3).toInt() ) ;
            *b = byte(INPStr.substring(i+1+3+3,i+1+3+3+3).toInt() ) ;
             Serial.print("convert into :(") ;
               Serial.print(*r) ;
                 Serial.print("/") ;
               Serial.print(*g) ;
                 Serial.print("/") ;
               Serial.print(*b) ;
                 Serial.print(")\n") ;


               return true ;
              }
            }
      return false ;

}
```

程式下載：https://github.com/brucetsao/eHUE_Bulb

如下圖所示，我們可以看到透過藍芽控制全彩 LED 測試程式結果畫面。

 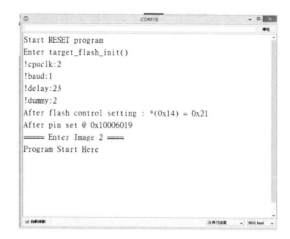

圖 37 透過藍芽控制全彩 LED 測試程式結果畫面

由於透過手機 BlueToothRC 應用程式之鍵盤輸入子功能輸入，將 RGB(紅色、綠色、藍色)三個顏色的代碼輸入，透過解碼來還原 RGB(紅色、綠色、藍色)三個顏色值，進而填入全彩發光二極體的發光顏色電壓，來控制顏色。

　　所以我們使用了『@』這個指令，來當作所有的資料開頭，接下來就是第一個紅色燈光的值，其紅色燈光的值使用『000』~『255』來當作紅色顏色的顏色值，『000』代表紅色燈光全滅，『255』代表紅色燈光全亮，中間的值則為線性明暗之間為主。

　　接下來就是第二個綠色燈光的值，其綠色燈光的值使用『000』~『255』來當作綠色顏色的顏色值，『000』代表綠色燈光全滅，『255』代表綠色燈光全亮，中間的值則為線性明暗之間為主。

　　最後一個藍色燈光的值，其藍色燈光的值使用『000』~『255』來當作藍色顏色的顏色值，『000』代表藍色燈光全滅，『255』代表藍色燈光全亮，中間的值則為線性明暗之間為主。

　　在所有顏色資料傳送完畢之後，所以我們使用了『#』這個指令，來當作所有的資料的結束，如下圖所示，我們輸入

@255000000#

　　如下圖所示，程式就會進行解譯為：R=255，G=000，B=000：

 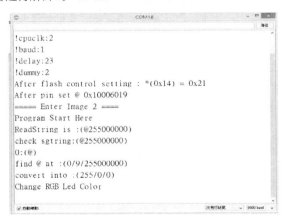

圖 38 @255000000#結果畫面

如下圖所示，我們可以看到混色控制全彩發光二極體測試程式結果畫面。

圖 39 @255000000#燈泡顯示

第二次測試

如下圖所示，我們輸入

@000255000#

如下圖所示，程式就會進行解譯為：R=000，G=255，B=000：

圖 40 @000255000#結果畫面

如下圖所示，我們可以看到混色控制全彩發光二極體測試程式結果畫面。

圖 41 @000255000#燈泡顯示

第三次測試

如下圖所示，我們輸入

@000000255#

如下圖所示，程式就會進行解譯為：R=000，G=000，B=255：

圖 42 @000000255#結果畫面

如下圖所示，我們可以看到混色控制全彩發光二極體測試程式結果畫面。

圖 43 @000000255#燈泡顯示

第四次測試

如下圖所示，我們輸入

@128128000#

如下圖所示，程式就會進行解譯為：R=128，G=128，B=000：

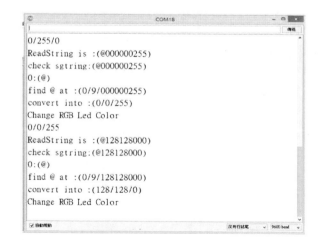

圖 44 @128128000#結果畫面

如下圖所示，我們可以看到混色控制全彩發光二極體測試程式結果畫面。

圖 45 @128128000#燈泡顯示

第五次測試

如下圖所示，我們輸入

@128000128#

如下圖所示，程式就會進行解譯為：R=128，G=000，B=128：

 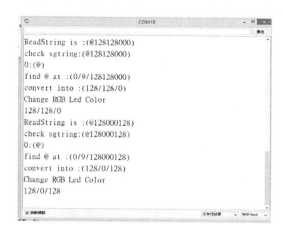

圖 46 @128000128#結果畫面

如下圖所示，我們可以看到混色控制全彩發光二極體測試程式結果畫面。

圖 47 @128000128#燈泡顯示

第六次測試

如下圖所示，我們輸入

@000255255#

如下圖所示，程式就會進行解譯為：R=000，G=255，B=255：

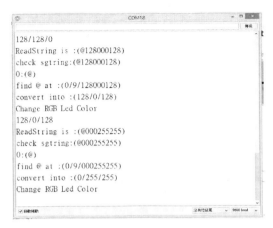

圖 48 @000255255#結果畫面

如下圖所示，我們可以看到混色控制全彩發光二極體測試程式結果畫面。

圖 49 @000255255#燈泡顯示

章節小結

本章主要介紹之 Ameba 開發板使用與連接全彩發光二極體，透過手機 BlueToothRC 應用程式之鍵盤輸入子功能輸入，透過手機藍芽與開發版藍芽裝置相互傳輸進行通訊來控制 RGB 三原色混色，產生想要的顏色，透過本章節的解說，相信讀者會對手機應用程式連接、控制 RGB 三原色混色，產生想要的顏色，有更深入的了解與體認。

CHAPTER

基礎程式設計

本章節主要是教各位讀者基本操作與常用的基本模組程式,希望讀者能仔細閱讀,因為在下一章實作時,重覆的部份就不在重覆敘述之。

如何執行 AppInventor 程式

由於我們寫好 App Inventor 2 程式後,都必需先使用 Android 作業系統的手機或平板進行測試程式,所以本節專門介紹如何在手機、平板上測試 APPs 的程式。

首先,如下圖所示,我們在 App Inventor 2 程式模塊編輯畫面之中,在『Connect』的選單下,選取 AICompanion。

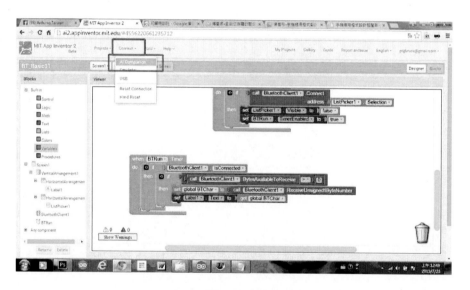

圖 50 啟動手機測試功能

如下圖所示,系統會出現一個 QR Code 的畫面。

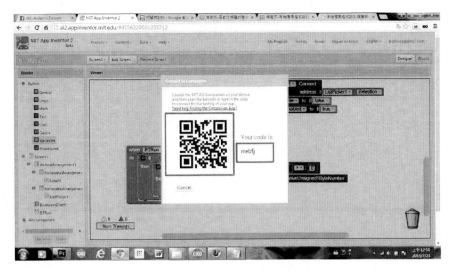

圖 51 手機 QRCODE

如下圖所示，我們在使用 Android 的手機、平板，執行已安裝好的『MIT App Inventor 2 Companion』，點選之後進入如下圖。

圖 52 啟動 MIT_AI2_Companion

如下圖所示，我們在選擇『scan QR code，點選之後進入如下圖。

圖 53 掃描 QRCode

如下圖所示，手機會啟動掃描 QR code 的程式功能，這時後只要將手機、平板的 Camera 鏡頭描準畫面的 QR Code 就可以了。

圖 54 掃描 QRCodeing

如下圖所示，如果手機會啟動掃描 QR code 成功的話，系統會回傳 QR Code 碼到如下圖所示的紅框之中。

圖 55 取得 QR 程式碼

　　如下圖所示，我們點選如下圖所示的紅框之中的『connect with code』，就可以

進入測試程式區。

圖 56 執行程式

　　如下圖所示，如果程式沒有問題，我們就可以成功進入測試程式的主畫面。

圖 57 執行程式主畫面

上傳電腦原始碼

本書有許多 App Inventor 2 程式範例,我們如果不想要一一重寫,可以取得範例網站的程式原始碼後,讀者可以參考本節內容,將這些程式原始碼上傳到我們個人帳號的 App Inventor 2 個人保管箱內,就可以編譯、發佈或進一步修改程式。

首先,如下圖所示,我們在 App Inventor 2 程式模塊編輯畫面之中,在『Projects』的選單下。

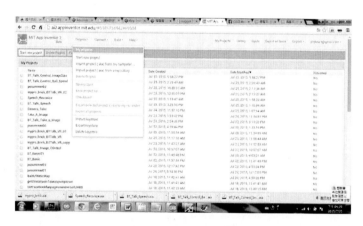

圖 58 切換到專案管理畫面

如下圖所示,我們在 App Inventor 2 程式模塊編輯畫面之中,點選在『Projects』

的選單下『import project (.aia) from my computer』。

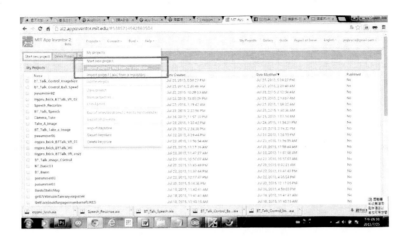

圖 59　上傳原始碼到我的專案箱

如下圖所示，出現『import project...』的對話窗，點選在『選擇檔案』的按紐。

圖 60　選擇檔案對話窗

如下圖所示，出現『開啟舊檔』的對話窗，請切換到您存放程式碼路徑，並點選您要上傳的『程式碼』。

圖 61 選擇電腦原始檔

如下圖所示，出現『開啟舊檔』的對話窗，請切換到您存放程式碼路徑，並點選您要上傳的『程式碼』，並按下『開啟』的按紐。

圖 62 開啟該範例

如下圖所示，出現『import project...』的對話窗，點選在『OK』的按紐。

圖 63 開始上傳該範例

如下圖所示，如果上傳程式碼沒有問題，就會回到 App Inventor 2 的元件編輯畫面，代表您已經正確上傳該程式原始碼了。

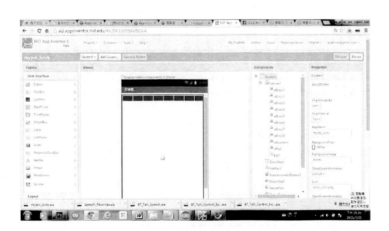

圖 64 上傳範例後開啟該範例

Ameba 藍芽通訊

Ameba 藍芽通訊是本書主要的重點，本節介紹 Ameba 開發板如何使用藍芽模組與與模組之間的電路組立。

如下圖所示，這個實驗我們需要用到的實驗硬體有下圖.(a)的 Ameba RTL8195AM 與下圖.(b) USB 下載線、下圖.(c) 藍芽通訊模組(HC-05)：

(a).Ameba RTL8195AM   (b). USB 下載線   (c). 藍芽通訊模組(HC-05)

圖 65 藍芽通訊模組(HC-05)所需零件表

如下圖所示,我們可以看到連接藍芽通訊模組(HC-05),只要連接 VCC、GND、TXD、RXD 等四個腳位,讀者要仔細觀看,切勿弄混淆了。

圖 66 附帶底板的 HC-05 藍牙模組接腳圖

資料來源:趙英傑老師網站(http://swf.com.tw/?p=693)(趙英傑, 2013, 2014)

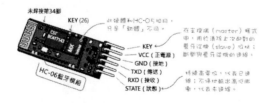

圖 67 附帶底板的 HC-06 藍牙模組接腳圖

資料來源:趙英傑老師網站(http://swf.com.tw/?p=693)(趙英傑, 2013, 2014)

如下圖所示,我們可以知道只要將藍芽通訊模組(HC-05)的 VCC 接在 Ameba RTL8195AM 開發板 +5V 的腳位(有的要接 3.3V),GND 接在 Ameba RTL8195AM 開發板 GND 的腳位,剩下的 TXD、、RXD 兩個通訊接腳,如果要用實體通訊接腳

連接，就可以接在 Ameba RTL8195AM 開發板 Tx0、、Rx0 的腳位，或者讀者可以
使用軟體通訊埠，也一樣可以達到相同功能，只不過速度無法如同硬體的通訊埠那
麼快。

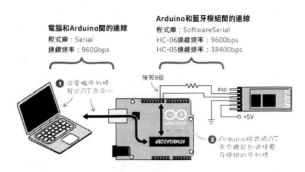

圖 68 連接藍芽模組之簡圖

資料來源：趙英傑老師網站(http://swf.com.tw/?p=712)(趙英傑, 2013, 2014)

由於本書使用 HC-05 藍牙模組，所以我們遵從下表來組立電路，來完成本節的
實驗：

表 11 HC-05 藍牙模組接腳表

HC-05 藍牙模組	Ameba RTL8195AM 開發板接腳
VCC	Ameba RTL8195AM +5V Pin
GND	Ameba RTL8195AM Gnd Pin
TX	Ameba RTL8195AM digital Pin 0
RX	Ameba RTL8195AM digital Pin 1

我們遵照前面所述,將 Ameba RTL8195AM 開發板的驅動程式安裝好之後,作者參考上表與上圖之後,完成電路的連接,完成後如下圖所示之藍牙模組 HC-05 接腳實際組裝圖。

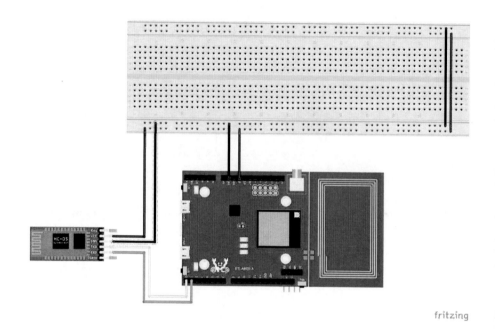

圖 69 藍牙模組 HC-05 接腳實際組裝圖

我們遵照前幾章所述,將 Ameba RTL8195AM 開發板的驅動程式安裝好之後,我們打開 Ameba RTL8195AM 開發板的開發工具:Sketch IDE 整合開發軟體,攥寫一段程式,如下表所示之藍牙模組 HC-05 測試程式一,來進行藍牙模組 HC-05 的通訊測試。

表 12 藍牙模組 HC-05 測試程式一

藍牙模組 HC-05 測試程式一(BT_Talk)
// ref HC-05 與 HC-06 藍牙模組補充說明(三):使用 Arduino 設定 AT 命令 // ref http://swf.com.tw/?p=712

```
#include <SoftwareSerial.h>     // 引用程式庫

// 定義連接藍牙模組的序列埠
SoftwareSerial BT(0, 1); // 接收腳, 傳送腳
char val;   // 儲存接收資料的變數

void setup() {
   Serial.begin(9600);      // 與電腦序列埠連線
   Serial.println("BT is ready!");

   // 設定藍牙模組的連線速率
   // 如果是 HC-05，請改成 38400
   BT.begin(9600);
}

void loop() {

   // 若收到藍牙模組的資料，則送到「序列埠監控視窗」
   if (BT.available()) {
      val = BT.read();
      Serial.print(val);
   }

   // 若收到「序列埠監控視窗」的資料，則送到藍牙模組
   if (Serial.available()) {
      val = Serial.read();
      BT.write(val);
   }
}
```

　　讀者可以看到本次實驗-藍牙模組 HC-05 測試程式一結果畫面，如下圖所示，
以看到輸入的字元可以轉送到藍芽另一端接收端。

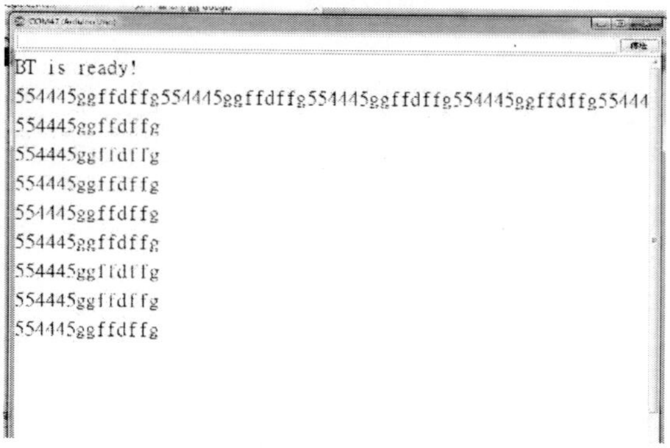

```
BT is ready!
554445ggffdffg554445ggffdffg554445ggffdffg554445ggffdffg55444
554445ggffdffg
554445ggffdffg
554445ggffdffg
554445ggffdffg
554445ggffdffg
554445ggffdffg
554445ggffdffg
554445ggffdffg
```

圖 70 藍牙模組 HC-05 測試程式一結果畫面

手機安裝藍芽裝置

如下圖所示，一般手機、平板的主畫面或程式集中可以選到『設定：Setup』。

圖 71 手機主畫面

如下圖所示，點入『設定：Setup』之後，可以到『設定：Setup』的主畫面，，
如您的手機、平板的藍芽裝置未打開，請將藍芽裝置開啟。

圖 72 設定主畫面

如下圖所示，開啟藍芽裝置之後，可以看到目前可以使用的藍芽裝置。

圖 73 目前已連接藍芽畫面

如下圖所示，我們要將我們要新增的藍芽裝置加入手機、平板之中， 請點選下圖紅框處：搜尋裝置，方能增加新的藍芽裝置。

圖 74 搜尋藍芽裝置

如下圖所示，當我們要找到新的藍芽裝置，點選它之後，會出現下圖畫面，要求使用者輸入配對的 Pin 碼，一般為『0000』或『1234』。

圖 75 第一次配對-要求輸入配對碼

如下圖所示，我們可以輸入配對的 Pin 碼，一般為『0000』或『1234』，來完成配對的要求。

圖 76 藍芽要求配對

　　如下圖所示，我們可以輸入配對的 Pin 碼，一般為『0000』或『1234』，來完成配對的要求，本書例子為『1234』。

圖 77 輸入配對密碼(1234)

　　如下圖所示，如果輸入配對的 Pin 碼正確無誤，則會完成配對，該藍芽裝置會加入手機、平板的藍芽裝置清單之中。

圖 78 完成配對後-出現在已配對區

如下圖所示，完成後，手機、平板會顯示已完成配對的藍芽裝置清單。

圖 79 目前已連接藍芽畫面

如下圖所示，完成配對的藍芽裝置後，我們可以用回上頁回到設定主畫面，完成新增藍芽裝置的配對。

圖 80 完成藍芽配對等完成畫面

安裝 Bluetooth RC APPs 應用程式

本書再測試 Arduino 開發板連接藍芽裝置，為了測試這些程式是否傳輸、接收命令是否正確，我們會先行安裝市面穩定的藍芽通訊 APPs 應用程式。

本書使用 Fadjar Hamidi F 公司攥寫的『 Bluetooth RC 』，其網址：https://play.google.com/store/apps/details?id=appinventor.ai_test.BluetoothRC&hl=zh_TW，讀者可以到該網址下載之。

本章節主要是介紹讀者如何安裝 Fadjar Hamidi F 公司攥寫的『 Bluetooth RC 』。

如下圖所示，在手機主畫面進入 play 商店。

圖 81 手機主畫面進入 play 商店

如下圖所示，下圖為 play 商店主畫面。

圖 82 Play 商店主畫面

如下圖紅框處所示，我們在 Google Play 商店主畫面 - 按下查詢紐。

圖 83 Play 商店主畫面 - 按下查詢紐

如下圖紅框處所示，我們在輸入『Bluetooth RC』查詢該 APPs 應用程式。

圖 84 Play 商店主畫面 - 輸入查詢文字

如下圖紅框處所示，我們在輸入『Bluetooth RC』查詢，找到 BluetoothRC 應用
程式。

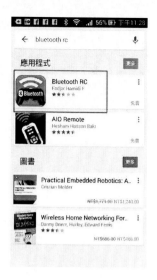

圖 85 找到 BluetoothRC 應用程式

如下圖紅框處所示,找到 BluetoothRC 應用程式 -點下安裝。

圖 86 找到 BluetoothRC 應用程式 -點下安裝

如下圖紅框處所示，點下『接受』，進行安裝。

圖 87 BluetoothRC 應用程式安裝主畫面要求授權

如下圖所示，BluetoothRC 應用程式安裝中。

圖 88 BluetoothRC 應用程式安裝中

如下圖所示，BluetoothRC 應用程式安裝中。

圖 89 BluetoothRC 應用程式安裝中二

如下圖所示，BluetoothRC 應用程式安裝完成。

圖 90 BluetoothRC 應用程式安裝完成

如下圖紅框處所示，我們可以點選『開啟』來執行 BluetoothRC 應用程式。

圖 91 BluetoothRC 應用程式安裝完成後執行

如下圖所示，安裝好 BluetoothRC 應用程式之後，一般說來手機、平板的桌面
或程式集中會出現『BluetoothRC』的圖示。

圖 92 BluetoothRC 應用程式安裝完成後的桌面

BluetoothRC 應用程式通訊測試

一般而言，如下圖所示，我們安裝好 BluetoothRC 應用程式之後，手機、平板

的桌面或程式集中會出現『BluetoothRC』的圖示。

圖 93 桌面的 BluetoothRC 應用程式

　　如下圖所示，我們點選手機、平板的桌面或程式集中『BluetoothRC』的圖示，進入 BluetoothRC 應用程式。

圖 94 執行 BluetoothRC 應用程式

　　如下圖所示，為 BluetoothRC 應用程式進入系統的抬頭畫面。

圖 95 BluetoothRC init 應用程式執行中

如下圖所示，為 BluetoothRC 應用程式主畫面。

圖 96 BluetoothRC 應用程式執行主畫面

　　如下圖紅框處所示，首先，我們要為 BluetoothRC 應用程式選定工作使用的藍芽裝置，讀者要注意，系統必須要開啟藍芽裝置，且已將要連線的藍芽裝置配對完成後，並已經在手機、平板的藍芽已配對清單中，方能被選到。

圖 97 BluetoothRC 應用程式執行主畫面 - 選取藍芽裝置

如下圖所示，我們要可以選擇已經在手機、平板已配對清單中的藍芽，選定為 BluetoothRC 應用程式工作使用的藍芽裝置。

圖 98 BluetoothRC 應用程式執行主畫面 - 已配對藍芽裝置列表

如下圖紅框處所示，我們要可以選擇已經在手機、平板已配對清單中的藍芽，進行 BluetoothRC 應用程式工作使用。

圖 99 BluetoothRC 應用程式執行主畫面 - 選取配對藍芽裝置

如下圖紅框處所示，系統會出現目前 BluetoothRC 應用程式工作使用藍芽裝置之 MAC。

圖 100 BluetoothRC 應用程式執行主畫面 - 完成選取藍芽裝置

如下圖紅框處所示，點選 BluetoothRC 應用程式執行主畫面紅框處 - 啟動文字通訊功能。

圖 101 BluetoothRC 應用程式執行主畫面－啟動文字通訊功能

如下圖所示，為 BluetoothRC 文字通訊功能主畫面。

圖 102 BluetoothRC 文字通訊功能主畫面

如下圖紅框處所示，啟動藍芽通訊。

圖 103 BluetoothRC 文字通訊功能主畫面 -完成 開啟藍芽通訊

如下圖紅框處所示,我們可以輸入任何文字,進行藍芽傳輸。

圖 104 BluetoothRC 文字通訊功能主畫面 - 輸入送出文字

如下圖紅框處所示,按下向右三角形,將上方輸入的文字,透過選定的藍芽裝置傳輸到連接的另一方藍芽裝置。

圖 105 BluetoothRC 文字通訊功能主畫面 - 傳送輸入文字

Ameba RTL8195AM 藍芽模組控制

由於本章節只要使用藍芽模組(HC-05/HC-06)，所以本實驗仍只需要一塊 Ameba RTL8195AM 開發板、USB 下載線、8 藍芽模組(HC-05/HC-06)。

如下圖所示，這個實驗我們需要用到的實驗硬體有下圖.(a)的 Ameba RTL8195AM 與下圖.(b) USB 下載線、下圖.(c) 藍芽模組(HC-05/HC-06)：

(a). Ameba RTL8195AM

(b). USB 下載線

(c). 藍芽模組(HC-05/HC-06)

圖 106 藍芽模組(HC-05/HC-06)所需零件表

由於本書使用藍芽模組,所以我們遵從下表來組立電路,來完成本節的實驗:

表 13 使用藍芽模組接腳表

藍芽模組(HC-05)	Ameba RTL8195AM 開發板
VCC	Ameba RTL8195AM +5V
GND	Ameba RTL8195AMGND
TX	Ameba RTL8195AM digitalPin 0
RX	Ameba RTL8195AM digitalPin 1

藍芽模組(HC-05/HC-06)

我們遵照前幾章所述,將 Ameba RTL8195AM 開發板的驅動程式安裝好之後,我們打開 Ameba RTL8195AM 開發板的開發工具:Sketch IDE 整合開發軟體,攢寫一段程式,如下表所示之藍芽模組(HC-05/HC-06)測試程式一,並將之編譯後上傳到 Arduino 開發板。

表 14 藍芽模組(HC-05/HC-06)

藍芽模組(HC-05/HC-06) (BT_Talk)

```
#include <SoftwareSerial.h>      // 引用程式庫

// 定義連接藍牙模組的序列埠
SoftwareSerial BT(0, 1); // 接收腳, 傳送腳
char val;    // 儲存接收資料的變數

void setup() {
   Serial.begin(9600);      // 與電腦序列埠連線
   Serial.println("BT is ready!");

   // 設定藍牙模組的連線速率
   // 如果是 HC-05，請改成 38400
   BT.begin(9600);
}

void loop() {

   // 若收到藍牙模組的資料，則送到「序列埠監控視窗」
   if (BT.available()) {
      val = BT.read();
      Serial.print(val);
   }

   // 若收到「序列埠監控視窗」的資料，則送到藍牙模組
   if (Serial.available()) {
      val = Serial.read();
      BT.write(val);
   }
}
```

　　如下圖所示，我們執行後，會出現『BT is ready!』後，在畫面中可以接收到藍芽模組收到的資料，並顯示再監控畫面之中。

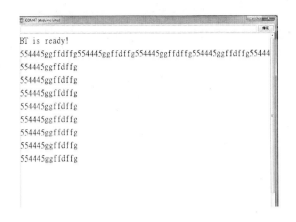

圖 107 Arduino 通訊監控畫面-監控藍芽通訊內容

如下圖所示，我們執行後，會出現『BT is ready!』後，我們再上方文字輸入區中，輸入文字。

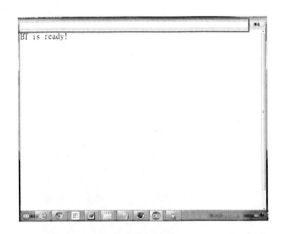

圖 108 Ameba RTL8195AM 通訊監控畫面-輸入送出通訊內容字元輸入區

如下圖所示，我們執行後，會出現『BT is ready!』後，我們再上方文字輸入區中，輸入文字，按下右上方的『傳送』鈕，也會把上方文字輸入區中所有文字傳送到藍芽模組配對連接的另一端。

圖 109 Ameba RTL8195AM 通訊監控畫面-送出輸入區內容

如下圖所示，我們執行後，藍芽模組配對連接的另一端上圖上方文字輸入區中輸入的文字。

圖 110 BluetoothRC 文字通訊功能主畫面 - 輸入送出文字

如下圖所示，同樣的，我們執行手機、平板上的 Bluetooth RC 應用程式後，再下圖上方文字輸入區中輸入的文字。

圖 111 BluetoothRC 文字通訊功能主畫面 - 傳送輸入文字(含回行鍵)

如下圖所示，同樣的，Arduino 通訊監控畫面會收到我們執行手機、平板上的 Bluetooth RC 應用程式其中文字輸入區中輸入的文字。

圖 112 Arduino 通訊監控畫面-送出輸入區內容

手機藍芽基本通訊功能開發

由於我們使用 Android 作業系統的手機或平板與 Arduino 開發板的裝置進行控制，由於手機或平板的設計限制，通常無法使用硬體方式連接與通訊，所以本節專門介紹如何在手機、平板上如何使用常見的藍芽通訊來通訊，本節主要介紹 App Inventor 2 如何建立一個藍芽通訊模組。

首先，如下圖所示，我們在 App Inventor 2 程式模塊編輯畫面之中，開立一個新專案。

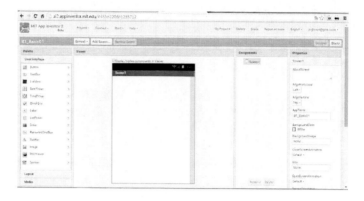

圖 113 建立新專案

首先，如下圖所示，我們在先拉出 VerticalArrangement1。

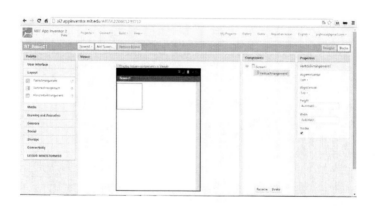

圖 114 拉出 VerticalArrangement1

如下圖所示，我們在拉出第一個 HorizontalArrangement1。

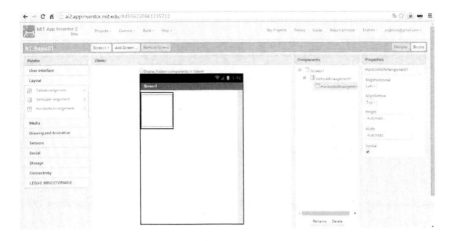

圖 115 拉出第一個 HorizontalArrangement1

如下圖所示，我們在拉出第二個 HorizontalArrangement2。

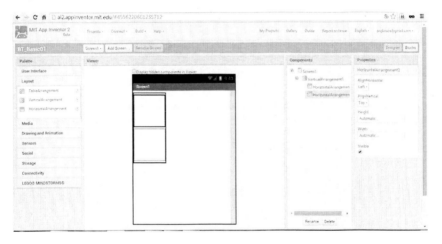

圖 116 拉出第二個 HorizontalArrangement2

如下圖所示，我們在第一個 HorizontalArrangement 內拉出顯示傳輸內容之 Label。

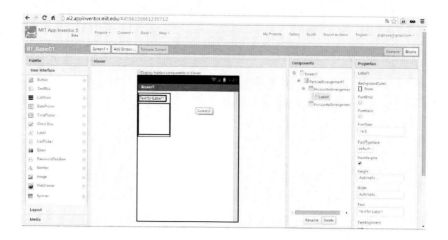

圖 117 拉出顯示傳輸內容之 Label

　如下圖所示，我們修改在第一個 HorizontalArrangement 內拉出顯示傳輸內容之 Label 的顯示文字。

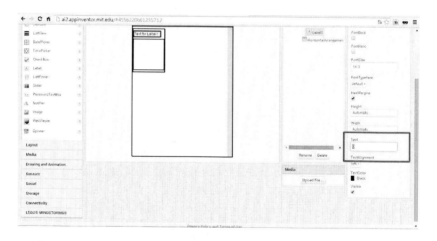

圖 118 修改顯示傳輸內容之 Label 內容值

　如下圖所示，我們修改在第二個拉出的 HorizontalArrangement2 內拉出拉出 ListPictker(選藍芽裝置用)。

圖 119 拉出 ListPictker(選藍芽裝置用)

如下圖所示，我們修改在第二個拉出的 HorizontalArrangement2 內拉出拉出 ListPictker(選藍芽裝置用)改變其顯示的文字為『Select BT』。

圖 120 修改 ListPictker 顯示名稱

如下圖所示，拉出藍芽 Client 物件。

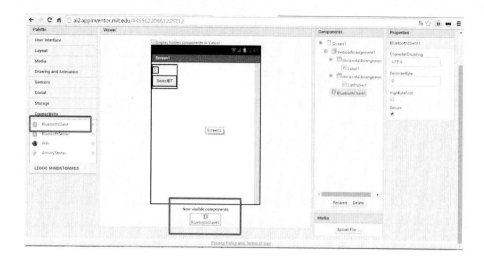

圖 121 拉出藍芽 Client 物件

如下圖所示，拉出驅動藍芽的時間物件。

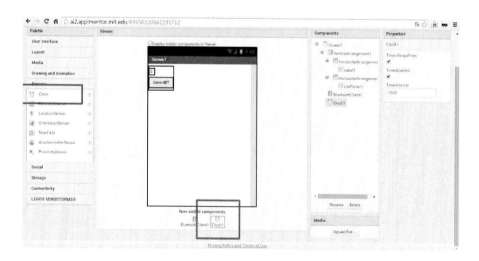

圖 122 拉出驅動藍芽的時間物件

如下圖所示，我們修改拉出驅動藍芽的時間物件的名稱為『BTRun』。

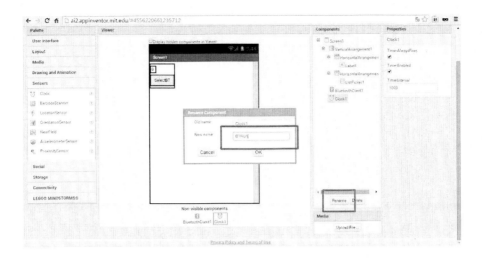

圖 123 修改驅動藍芽的時間物件的名字

如下圖所示，我們為了編修程式，請點選如下圖所示之紅框區『Blocks』按紐。

圖 124 切換程式設計模式

如下圖所示，，下圖所示之紅框區為 App Inventor 2 的程式編輯區。

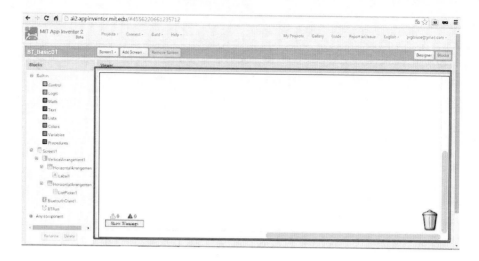

圖 125 程式設計模式主畫面

如下圖所示，我們在 App Inventor 2 的程式編輯區，建立 BTChar 變數。

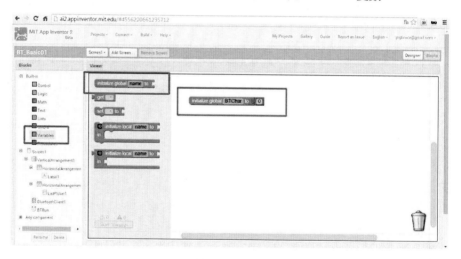

圖 126 建立 BTChar 變數

為了建全的系統，如下圖所示，我們進行系統初始化，在 Screen1.initialize 建立下列敘述。

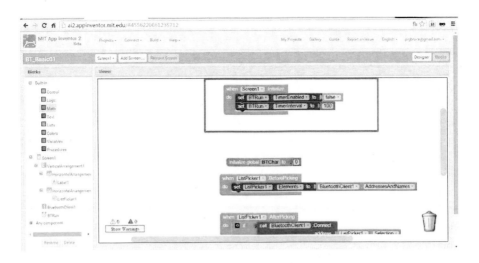

圖 127 系統初始化

首先，在點選藍芽裝置『ListPicker1』下，如下圖所示，我們在 ListPicker1.BeforePicking 建立下列敘述。

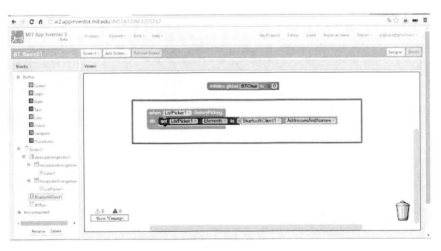

圖 128 將已配對的藍芽資料填入 ListPicker

首先，在點選藍芽裝置『ListPicker1』下，攫寫『判斷選到藍芽裝置後連接選取 藍芽裝置』，如下圖所示，我們在 ListPicker1.AfterPicking 建立下列敘述。

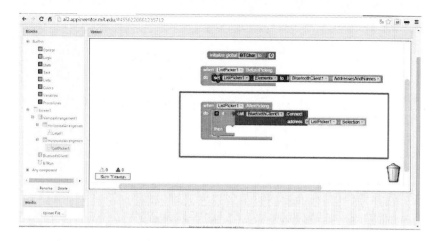

圖 129 判斷選到藍芽裝置後連接選取藍芽裝置

　　如下圖所示，在點選藍芽裝置『ListPicker1』下，我們在 ListPicker1.AfterPicking 建立下列敘述，因為已經選好藍芽裝智，所以不需要選藍芽裝置『ListPicker1』，所以將它關掉，並開啟藍芽通訊程式所需要的『BTRun』時間物件 。

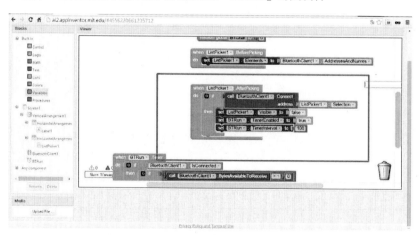

圖 130 連接藍芽後將 ListPickere 關掉

　　如下圖所示，在藍芽通訊程式所需要的『BTRun』時間物件下，我們為了確定藍芽已完整建立通訊，先行判斷是否藍芽已完整建立通訊。

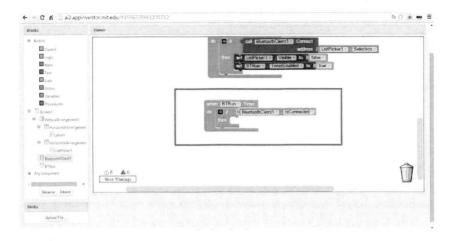

圖 131 定時驅動藍芽-判斷是否藍芽連線中

如下圖所示，在藍芽通訊程式所需要的『BTRun』時間物件下，如果藍芽已完整建立通訊，再判斷判斷是否藍芽有資料傳入。

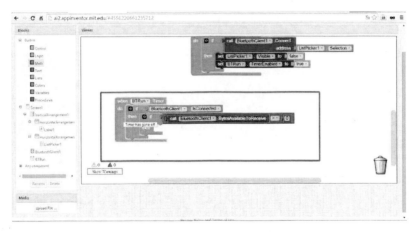

圖 132 定時驅動藍芽-判斷是否藍芽有資料傳入

如下圖所示，在藍芽通訊程式所需要的『BTRun』時間物件下，如果藍芽已完整建立通訊，再判斷判斷是否藍芽有資料傳入，再將此資料存入『BTChar』變數裡面。

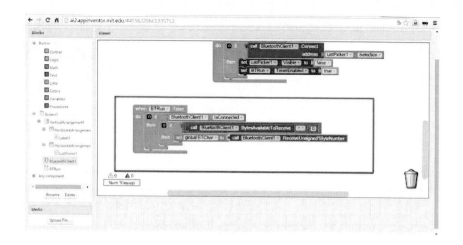

圖 133 定時驅動藍芽-讀出藍芽資料送入變數

如下圖所示，再將『BTChar』變數顯示在畫面的 Label1 的 Text 上。

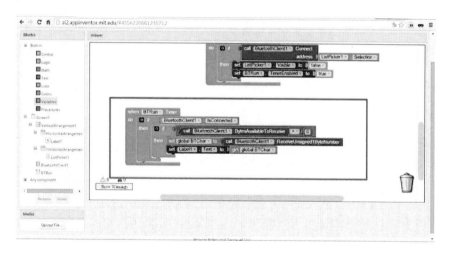

圖 134 定時驅動藍芽-顯示藍芽資料到 Label 物件

首先，如下圖所示，我們在 App Inventor 2 程式模塊編輯畫面之中，在『Connect』的選單下，選取 AICompanion。

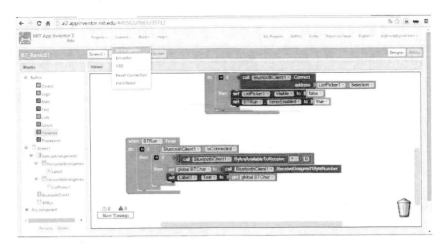

圖 135 啟動手機測試功能

如下圖所示，系統會出現一個 QR Code 的畫面。

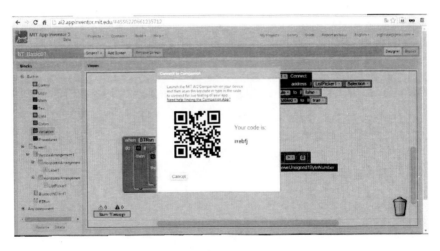

圖 136 手機 QRCODE

如下圖所示，我們在使用 Android 的手機、平板，執行已安裝好的『MIT App Inventor 2 Companion』，點選之後進入如下圖。

圖 137 啟動 MIT_AI2_Companion

如下圖所示，我們在選擇『scan QR code，點選之後進入如下圖。

圖 138 掃描 QRCode

如下圖所示，手機會啟動掃描 QR code 的程式功能，這時後只要將手機、平板的 Camera 鏡頭描準畫面的 QR Code 就可以了。

圖 139 掃描 QRCodeing

如下圖所示，如果手機會啟動掃描 QR code 成功的話，系統會回傳 QR Code 碼到如下圖所示的紅框之中。

圖 140 取得 QR 程式碼

如下圖所示，我們點選如下圖所示的紅框之中的『connect with code』，就可以進入測試程式區。

圖 141 執行程式

如下圖所示，如果程式沒有問題，我們就可以成功進入測試程式的主畫面。

圖 142 執行程式主畫面

如下圖所示，我們先選擇『SelectBT』來選擇藍芽裝置。

圖 143 選藍芽裝置

如下圖所示，會出現手機、平板中已經配對好的藍芽裝置。

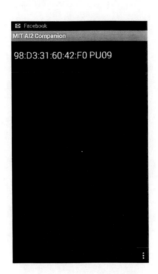

圖 144 顯示藍芽裝置

如下圖所示，我們可以選擇手機、平板中已經配對好的藍芽裝置。

圖 145 選取藍芽裝置

如下圖所示，如果藍芽配對成功，可以正確連接您選擇的藍芽裝置，則會進入通訊模式的主畫面，可以接收配對藍芽裝置傳輸的資料，並顯示在上面。

圖 146 接收藍芽資料顯示中

章節小結

    本章主要介紹使用 Ameba RTL8195AM 開發板與手機、平板常會用的的模組，先讓讀者透過本章熟悉這些模組的設計與基本用法，在往下的章節才能更快實做出我們的實驗。

7

CHAPTER

手機應用程式開發

　　上章節介紹，我們已經可以使用 Ameba RTL8195AM 開發版整合藍芽模組控制控制雙色發光二極體明滅，並透過手機 BlueToothRC 應用程式之鍵盤輸入子功能輸入，將 RGB(紅色、綠色、藍色)三個顏色的代碼輸入，透過解碼來還原 RGB(紅色、綠色、藍色)三個顏色值，進而填入全彩發光二極體的發光顏色電壓，來控制顏色，如此已經充分驗證 Ameba RTL8195AM 開發版控制全彩發光二極體可行性。

開啟新專案

　　由於我們使用 Android 作業系統的手機或平板與 Arduino 開發板的裝置進行控制，由於手機或平板的設計限制，通常無法使用硬體方式連接與通訊，所以本節專門介紹如何在手機、平板上如何使用常見的藍芽通訊來通訊，本節主要介紹 App Inventor 2 如何建立一個藍芽通訊模組。

　　首先，如下圖所示，我們在 App Inventor 2 程式模塊編輯畫面之中，開立一個新專案。

圖 147 建立新專案

　　首先，如下圖所示，我們先將新專案命名為 APPControlRGBLed。

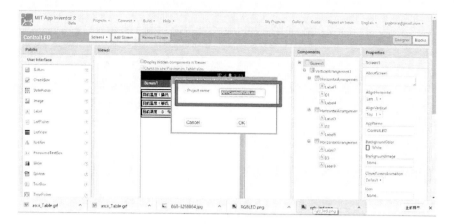

圖 148 命名新專案為 APPControlRGBLed

首先，如下圖所示為新專案主畫面。

圖 149 新專案主畫面

控制全彩 LED 圖形介面開發

顏色控制盒設計

首先，如下圖所示，我們在先拉出 VerticalArrangement1。

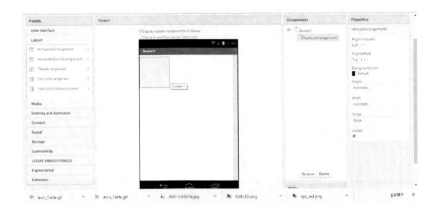

圖 150 拉出 VerticalArrangement1

如下圖所示，我們在拉出第一個 HorizontalArrangement。

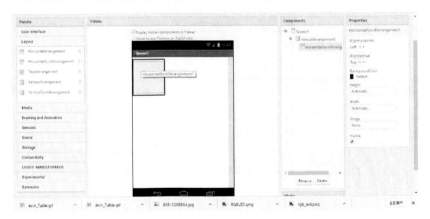

圖 151 拉出第一個 HorizontalArrangement

如下圖所示，我們在拉出第二個 HorizontalArrangement。

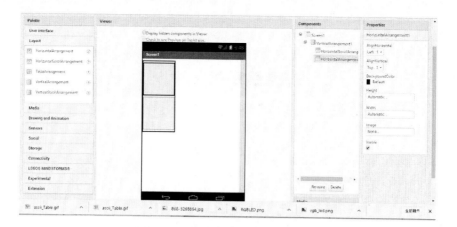

圖 152 拉出第二個 HorizontalArrangement

如下圖所示，我們在拉出第三個 HorizontalArrangement。

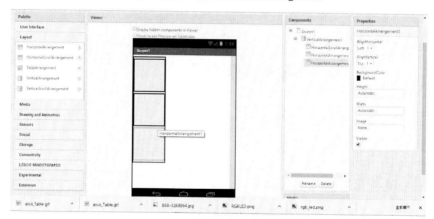

圖 153 拉出第三個 HorizontalArrangement

如下圖所示，我們拉出第一個顯示傳輸內容之 Label，並把 LABEL 的顯示屬性 (Text)改為『紅色』。

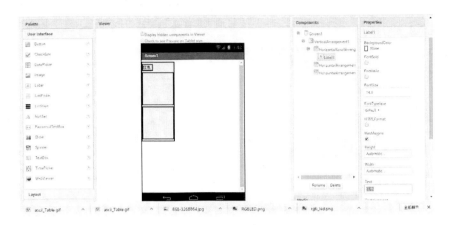

圖 154 拉出第一個顯示傳輸內容之 Label

如下圖所示，我們拉出第二個顯示傳輸內容之 Label，並把 LABEL 的顯示屬性
(Text)改為『綠色』。

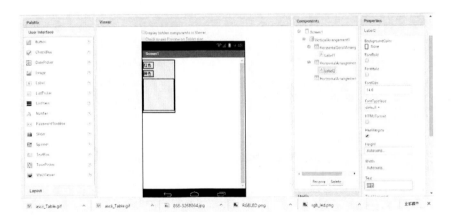

圖 155 拉出第二個顯示傳輸內容之 Label

如下圖所示，我們拉出第三個顯示傳輸內容之 Label，並把 LABEL 的顯示屬性
(Text)改為『藍色』。

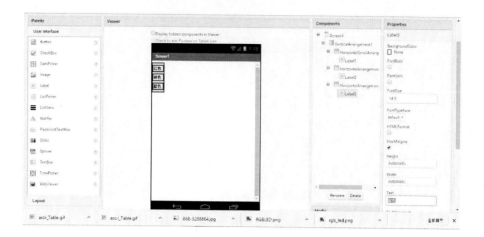

圖 156 拉出第三個顯示傳輸內容之 Label

如下圖所示，我們拉出第一個控制顏色的 sldieBar。

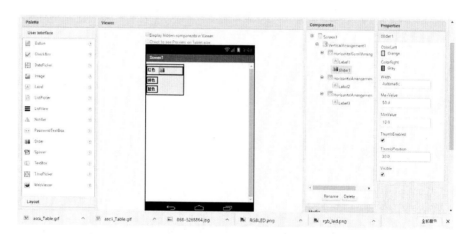

圖 157 拉出第一個控制顏色的 sldieBar

如下圖所示，我們把第一個控制顏色的 sldieBar 之 MinValue 設為 0，MaxValue 設為 255。

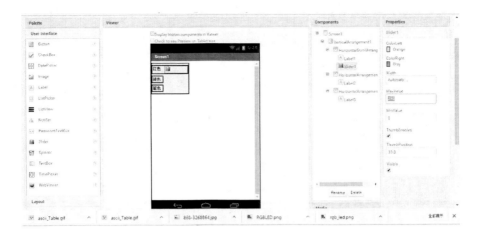

圖 158 設定第一個控制顏色的 sldieBar 之值域

如下圖所示，我們拉出第二個控制顏色的 sldieBar。

圖 159 拉出第二個控制顏色的 sldieBar

如下圖所示，我們把第二個控制顏色的 sldieBar 之 MinValue 設為 0，MaxValue
設為 255。

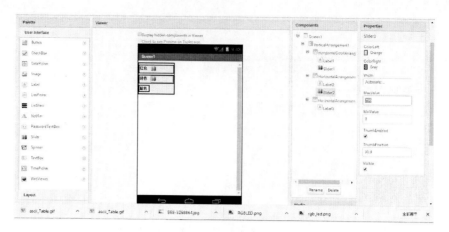

圖 160 設定第二個控制顏色的 sldieBar 之值域

如下圖所示，我們拉出第三個控制顏色的 sldieBar。

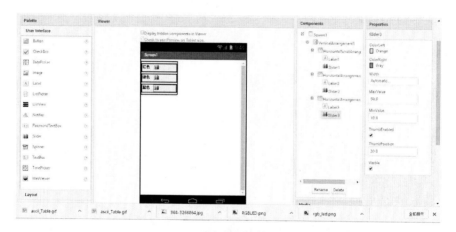

圖 161 拉出第三個控制顏色的 sldieBar

如下圖所示，我們把第三個控制顏色的 sldieBar 之 MinValue 設為 0，MaxValue 設為 255。

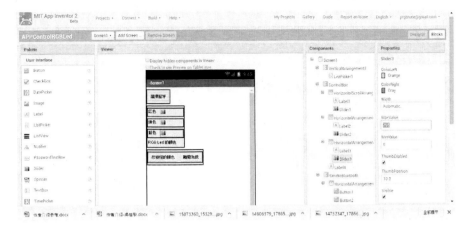

圖 162 設定第三個控制顏色的 sldieBar 之值域

如下圖所示，我們變更第一個 VerticalArrangement 名稱為『ControlBox』。

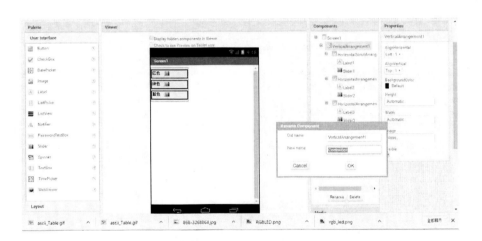

圖 163 041 變更第一個 VerticalArrangement 名稱

藍芽基本通訊畫面開發

藍芽控制盒設計

如下圖所示，我們增加拉出的 VerticalArrangement。

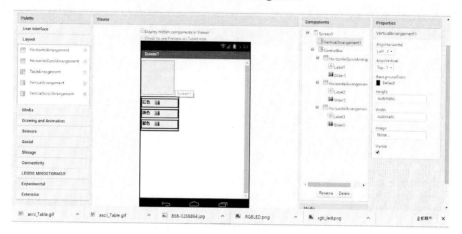

圖 164 拉出的 VerticalArrangement

如下圖所示，拉出藍芽 Client 物件。

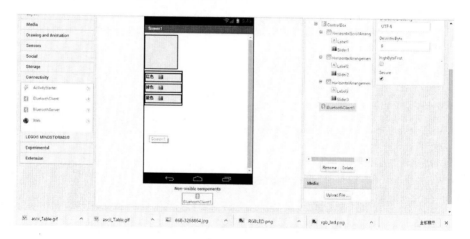

圖 165 拉出藍芽 Client 物件

如下圖所示，我們增加拉出的 VerticalArrangement 內拉出拉出 ListPictker(選藍芽裝置用)。

圖 166 拉出 ListPictker(選藍芽裝置用)

　　如下圖所示，我們修改拉出 ListPictker(選藍芽裝置用)改變其顯示的文字為『選擇藍芽』。

圖 167 修改 ListPictker 顯示名稱

預覽全彩 LED 圖形介面

　　首先，如下圖所示，我們在先拉出 Label 物件，來當作預覽全彩 LED 圖形介面。

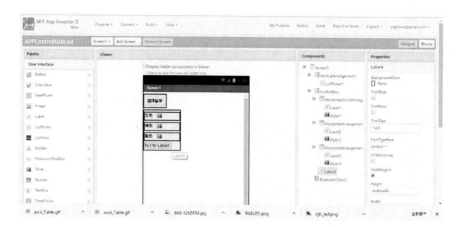

圖 168 拉出預覽全彩 LED 圖形介面

　　首先，如下圖所示，我們在先修改 Label 物件之 Text 屬性為『RGB Led 的顏色』。

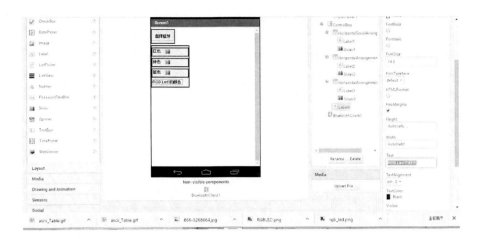

圖 169 改 Label 物件之 Text 屬性

控制介面開發

首先，如下圖所示，我們在先拉出 VerticalArrangement。

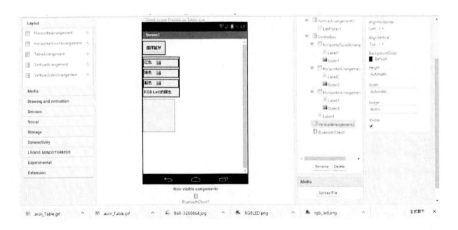

圖 170 拉出 VerticalArrangement

如下圖所示，我們變更 VerticalArrangement 名稱為『SendBluetooth』。

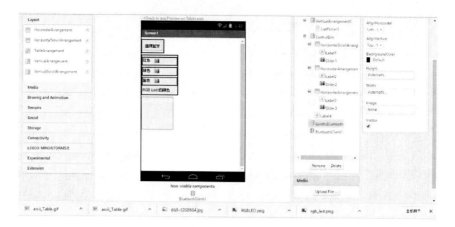

圖 171 變更 VerticalArrangement 名稱

如下圖所示，我們在拉出第一個 HorizontalArrangement。

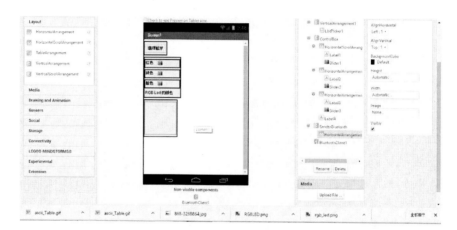

圖 172 拉出一個 HorizontalArrangement

如下圖所示，我們在拉出第一個 Button。

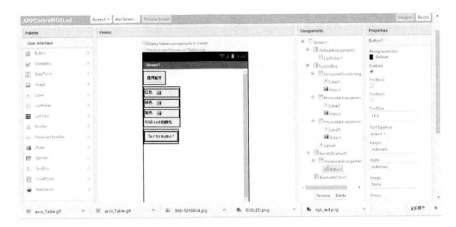

圖 173 拉出第一個 Button

如下圖所示，我們變更 Button 之 Text 屬性為『改變燈的顏色』。

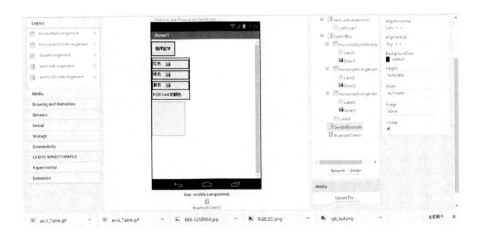

圖 174 變更 Button 之 Text 屬性

如下圖所示，我們在拉出第二個 Button。

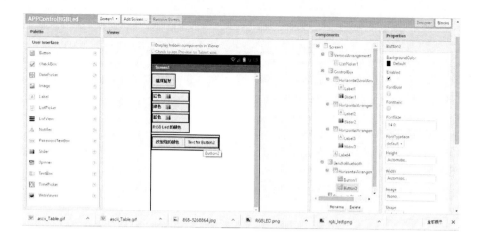

圖 175 拉出第二個 Button

如下圖所示，我們變更 Button 之 Text 屬性為『離開系統』。

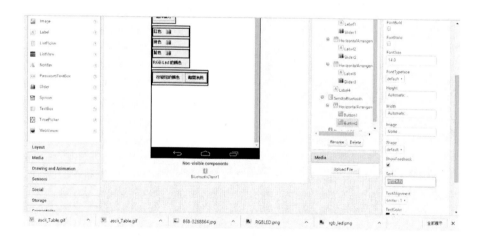

圖 176 變更 Button 之 Text 屬性

Debug 介面開發

首先，如下圖所示，我們在先拉出 Label 物件。

圖 177 拉出 Label 物件

如下圖所示，我們變更 Label 物件之 Text 屬性為『DebugMsg』。

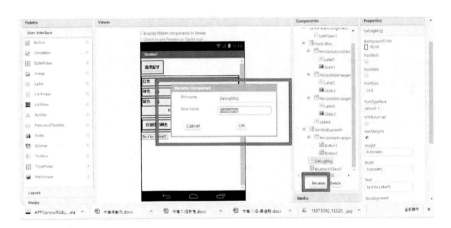

圖 178 變更 label 之 Text 屬性

系統對話元件開發

如下圖所示，我們在先拉出 Notifier 對話窗元件。

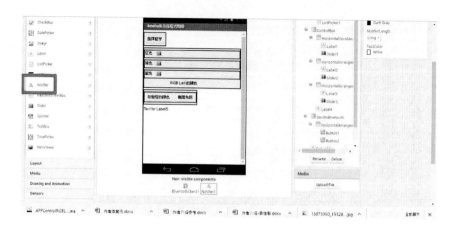

圖 179 拉出對話窗元件

修改系統名稱

如下圖所示，我們將系統名稱修改為『Ameba 氣氛燈程式開發』

圖 180 修改系統名稱

控制程式開發-初始化

切換程式設計視窗

如下圖所示，我們為了編修程式，請點選如下圖所示之紅框區『Blocks』按鈕。

圖 181 切換程式設計模式

如下圖所示,,下圖所示之紅框區為 App Inventor 2 的程式編輯區。

圖 182 程式設計模式主畫面

初始化變數

如下圖所示，我們在 App Inventor 2 的程式編輯區，建立建立 BTWord 變數。

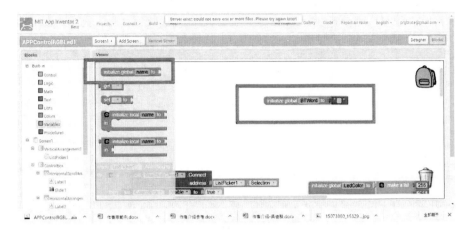

圖 183 建立 BTWord 變數

如下圖所示，我們在 App Inventor 2 的程式編輯區，建立建立 LedColor 變數。

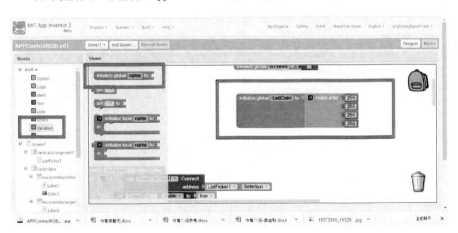

圖 184 建立 LedColor 變數

使用者函式設計

如下圖所示，我們在 App Inventor 2 的程式編輯區，建立 DisplayColor 函式。

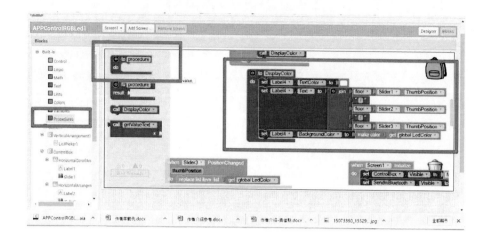

圖 185 建立 DisplayColor 函式

如下圖所示，我們在 App Inventor 2 的程式編輯區，建立 getValueText 函式。

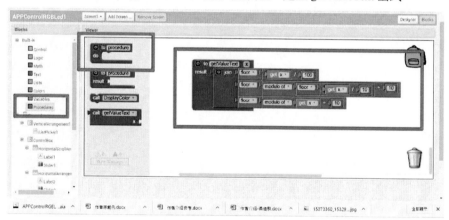

圖 186 建立 getValueText 函式

控制程式開發-系統初始化

Screent 系統初始化

如下圖所示，我們在 App Inventor 2 的程式編輯區，建立系統初始化。

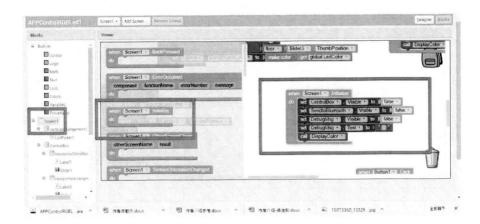

圖 187 建立系統初始化

藍芽設計

首先，在點選藍芽裝置『ListPicker1』下，如下圖所示，我們在
ListPicker1.BeforePicking 建立下列敘述。

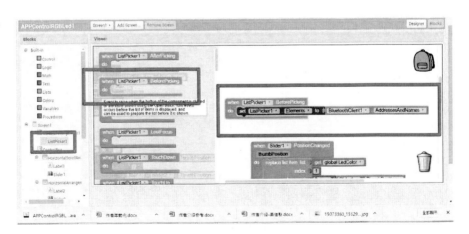

圖 188 將已配對的藍芽資料填入 ListPicker

首先，在點選藍芽裝置『ListPicker1』下，撰寫『判斷選到藍芽裝置後連接選取

藍芽裝置』，如下圖所示，我們在 ListPicker1.AfterPicking 建立下列敘述。

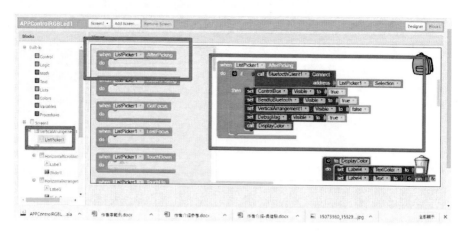

圖 189 判斷選到藍芽裝置後連接選取藍芽裝置

變更顏色控制 Bar 設計

如下圖所示，我們攥寫控制紅色顏色的控制程式。

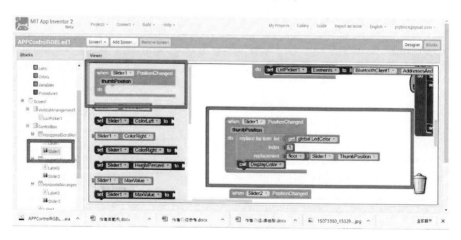

圖 190 控制紅色顏色的控制程式

如下圖所示，我們攥寫控制綠色顏色的控制程式。

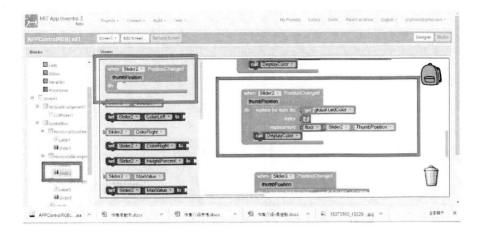

圖 191 控制綠色顏色的控制程式

如下圖所示，我們攥寫控制藍色顏色的控制程式。

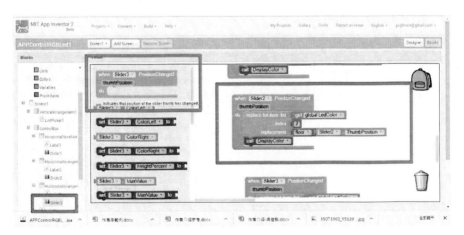

圖 192 控制藍色顏色的控制程式

傳送變更顏色控制碼設計

如下圖所示，在藍芽以配對好，且建立通訊後，我們將目前預覽到的 RGB LED

顏色值，傳送改變顏色命令字串到藍芽。

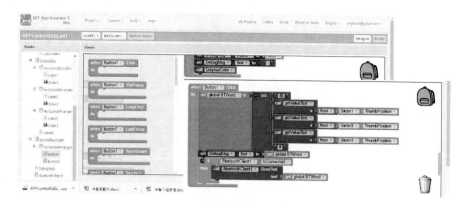

圖 193 傳送改變顏色命令字串到藍芽

如下圖所示，我們攥寫離開系統之程序。

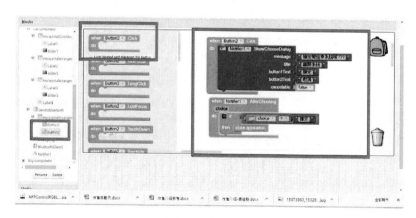

圖 194 離開系統

系統測試-啟動 AICompanion

手機測試

首先，如下圖所示，我們在 App Inventor 2 程式模塊編輯畫面之中，在『Connect』

的選單下，選取 AICompanion。

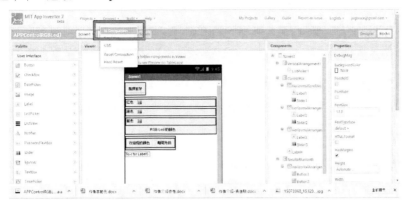

圖 195 啟動手機測試功能

掃描 QR Code

如下圖所示，系統會出現一個 QR Code 的畫面。

圖 196 手機 QRCODE

如下圖所示，我們在使用 Android 的手機、平板，執行已安裝好的『MIT App Inventor 2 Companion』，點選之後進入如下圖。

圖 197 啟動 MIT_AI2_Companion

如下圖所示，我們在選擇『scan QR code，點選之後進入如下圖。

圖 198 掃描 QRCode

如下圖所示，手機會啟動掃描 QR code 的程式功能，這時後只要將手機、平板
的 Camera 鏡頭描準畫面的 QR Code 就可以了。

圖 199 掃描 QRCodeing

如下圖所示，如果手機會啟動掃描 QR code 成功的話，系統會回傳 QR Code 碼到如下圖所示的紅框之中。

圖 200 取得 QR 程式碼

如下圖所示，我們點選如下圖所示的紅框之中的『connect with code』，就可以進入測試程式區。

圖 201 執行程式

系統測試-進入系統

如下圖所示,如果程式沒有問題,我們就可以成功進入測試程式的主畫面。

圖 202 執行程式主畫面

選擇通訊藍芽裝置

如下圖所示，我們先選擇『SelectBT』來選擇藍芽裝置。

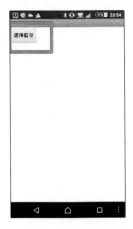

圖 203 選藍芽裝置

如下圖所示，會出現手機、平板中已經配對好的藍芽裝置。

圖 204 顯示藍芽裝置

如下圖所示，我們可以選擇手機、平板中已經配對好的藍芽裝置。

圖 205 選取藍芽裝置

系統測試-控制 RGB 燈泡並預覽顏色

如下圖所示，如果藍芽配對成功，可以正確連接您選擇的藍芽裝置，則會進入控制 RGB 燈泡的主畫面。

圖 206 系統主畫面

如下圖所示，我們進行測試變更顏色，看看系統回應如何。

圖 207 161 測試變更顏色

系統測試-控制 RGB 燈泡並實際變更顏色

測試一

　　如下圖所示，我們進行測試變更顏色，看看系統回應如何，並將改變顏色透過手機藍芽裝置，傳送到 RGB 三原色混色資料到開發版上，進行 RGB LED 顏色變更，進而產生想要的顏色。

圖 208 顏色測試一

　　如下圖所示，我們在開發版序列埠監控視窗上，可以見到收到變更顏色的控制碼，並可以見到 RGB 發光二極體以變更對應的顏色。

圖 209 系統收到變更顏色代碼一

測試二

　　如下圖所示，我們進行測試變更顏色，看看系統回應如何，並將改變顏色透過手機藍芽裝置，傳送到 RGB 三原色混色資料到開發版上，進行 RGB LED 顏色變更，進而產生想要的顏色。

圖 210 顏色測試二

　　如下圖所示，我們在開發版序列埠監控視窗上，可以見到收到變更顏色的控制碼，並可以見到 RGB 發光二極體以變更對應的顏色。

圖 211 系統收到變更顏色代碼二

測試三

　　如下圖所示，我們進行測試變更顏色，看看系統回應如何，並將改變顏色透過手機藍芽裝置，傳送到 RGB 三原色混色資料到開發版上，進行 RGB LED 顏色變更，進而產生想要的顏色。

圖 212 顏色測試三

　　如下圖所示，我們在開發版序列埠監控視窗上，可以見到收到變更顏色的控制碼，並可以見到 RGB 發光二極體以變更對應的顏色。

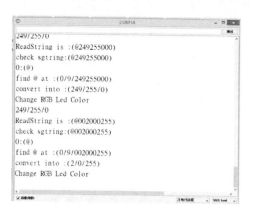

圖 213 系統收到變更顏色代碼三

測試四

　　如下圖所示，我們進行測試變更顏色，看看系統回應如何，並將改變顏色透過手機藍芽裝置，傳送到 RGB 三原色混色資料到開發版上，進行 RGB LED 顏色變更，進而產生想要的顏色

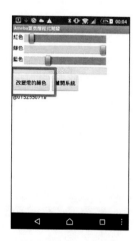

圖 214 顏色測試四

　　如下圖所示，我們在開發版序列埠監控視窗上，可以見到收到變更顏色的控制碼，並可以見到 RGB 發光二極體以變更對應的顏色。

圖 215 系統收到變更顏色代碼四

結束系統測試

　　如下圖所示，如果我們要離開系統，按下下圖所示之『離開系統』之按鈕，便
可以離開系統。

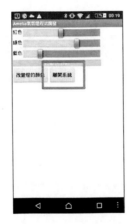

圖 216 按下離開按鈕

　　如下圖所示，按下上圖所示之『離開系統』之按鈕，會出現提示對話窗，選擇
『確定』之按鈕便可以離開系統。

圖 217 確定離開系統提示

章節小結

　　本章主要介紹之如何透過 APP Inventor 2 來攥寫手機應用系統，進而透過自己寫的手機應用系統來控制 Ameba 開發板的全彩發光二極體。

　　透過本章節的解說，相信讀者會對連接、使用 APP Inventor 2 來攥寫手機應用系統，有更深入的了解與體認。

本書總結

　　筆者對於 Arduino 相關的書籍，也出版許多書籍，感謝許多有心的讀者提供筆者許多寶貴的意見與建議，筆者群不勝感激，許多讀者希望筆者可以推出更多的入門書籍給更多想要進入『物聯網』、『智慧家庭』這個未來大趨勢，所有才有這個入門系列的產生。

　　本系列叢書的特色是一步一步教導大家使用更基礎的東西，來累積各位的基礎能力，讓大家能更在 Maker 自造者運動中，可以拔的頭籌，所以本系列是一個永不結束的系列，只要更多的東西被製造出來，相信筆者會更衷心的希望與各位永遠在這條 Maker 路上與大家同行。

作者介紹

曹永忠 (Yung-Chung Tsao) ，國立中央大學資訊管理學系博士，目前在國立暨南國際大學電機工程學系與國立高雄科技大學商務資訊應用系兼任助理教授與自由作家，專注於軟體工程、軟體開發與設計、物件導向程式設計、物聯網系統開發、Arduino 開發、嵌入式系統開發。長期投入資訊系統設計與開發、企業應用系統開發、軟體工程、物聯網系統開發、軟硬體技術整合等領域，並持續發表作品及相關專業著作。

Email:prgbruce@gmail.com

Line ID：dr.brucetsao

部落格：http://taiwanarduino.blogspot.tw/

臉書社群(Arduino.Taiwan)：

https://www.facebook.com/groups/Arduino.Taiwan/

Github 網站：https://github.com/brucetsao/

原始碼網址：https://github.com/brucetsao/eHUE_Bulb

Youtube：https://www.youtube.com/channel/UCcYG2yY_u0m1aotcA4hrRgQ

吳佳駿 (Chia-Chun Wu)，國立中興大學資訊科學與工程學系博士，現任教於國立金門大學工業工程與管理學系專任助理教授，目前兼任國立金門大學計算機與網路中心資訊網路組組長，主要研究為軟體工程與應用、行動裝置程式設計、物件導向程式設計、網路程式設計、動態網頁資料庫、資訊安全與管理。

Email: ccwu0918@nqu.edu.tw

許智誠 (Chih-Cheng Hsu)，美國加州大學洛杉磯分校(UCLA)資訊工程系博士，曾任職於美國 IBM 等軟體公司多年，現任教於中央大學資訊管理學系專任副教授，主要研究為軟體工程、設計流程與自動化、數位教學、雲端裝置、多層式網頁系統、系統整合、金融資料探勘、Python 建置(金融)資料探勘系統。

Email: khsu@mgt.ncu.edu.tw

作者網頁：http://www.mgt.ncu.edu.tw/~khsu/

蔡英德 (Yin-Te Tsai)，國立清華大學資訊科學博士，目前是靜宜大學資訊傳播工程學系教授，靜宜大學資訊學院院長及靜宜大學人工智慧創新應用研發中心主任。曾擔任台灣資訊傳播學會理事長，台灣國際計算器程式競賽暨檢定學會理事，台灣演算法與計算理論學會理事、監事。主要研究為演算法設計與分析、生物資訊、軟體開發、智慧計算與應用。

Email:yttsai@pu.edu.tw

作者網頁：http://www.csce.pu.edu.tw/people/bio.php?PID=6#personal_writing

附錄

Ameba RTL8195AM 腳位圖

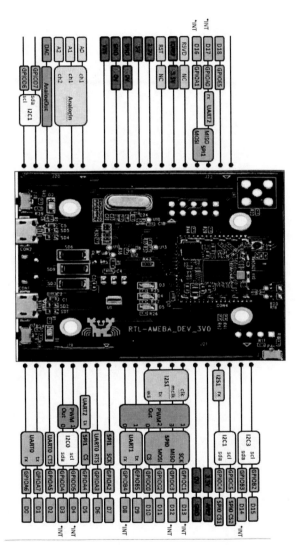

資料來源：Ameba RTL8195AM 官網：http://www.amebaiot.com/boards/

Ameba RTL8195AM 更新韌體按鈕圖

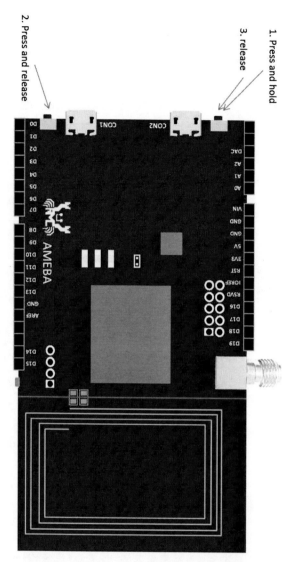

資料來源：Ameba RTL8195AM 官網：如何更換 DAP Firm-

ware?(http://www.amebaiot.com/change-dap-firmware/)

Ameba RTL8195AM 更換 DAP Firmware

請參考如下操作

1. 按住 CON2 旁邊的按鈕不放

2. 按一下 CON1 旁邊的按鈕

3. 放開在第一步按住的按鈕

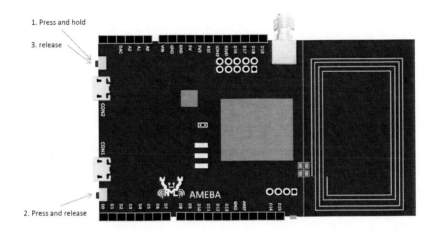

此時會出現一個磁碟槽，上面的標籤為 "CRP DISABLED"

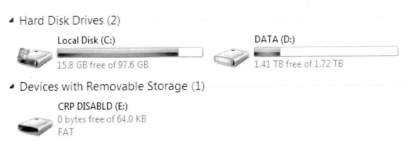

打開這個磁碟，裡面有個檔案 "firmware.bin"，它是目前這片
Ameba RTL8195AM 使用的 DAP firmware

要更換 firmware，可以先將這個 firmware.bin 備份起來，然後刪
掉，再將新的 DAP firmware 用檔案複製的方式放進去

最後將 USB 重新插拔，新的 firmware 就生效了。

資料來源：Ameba RTL8195AM 官網：如何更換 DAP Firm-

ware?(http://www.amebaiot.com/change-dap-firmware/)

Ameba RTL8195AM 安裝驅動程式

請參考如下操作安裝開發環境：

步驟一：安裝驅動程式(Driver)

首先將 Micro USB 接上 Ameba RTL8195AM，另一端接上電腦:

第一次接上 Ameba RTL8195AM 需要安裝 USB 驅動程式，Ameba
RTL8195AM 使用標準的 ARM MBED CMSIS DAP driver，你可以在這個地
方找到安裝檔及相關說明:

https://developer.mbed.org/handbook/Windows-serial-configuration

在 "Download latest driver" 下載 "mbedWinSerial_16466.exe" 並安裝之
後，會在裝置管理員看到 mbed serial port:

步驟二：安裝 Arduino IDE 開發環境

Arduino IDE 在 1.6.5 版之後，支援第三方的硬體，因此我們可以在 Arduino IDE 上開發 Ameba RTL8195AM，並共享 Arduino 上面的範例程式。在 Arduino 官方網站上可以找到下載程式：

https://www.arduino.cc/en/Main/Software

安裝完之後，打開 Arduino IDE，為了讓 Arduino IDE 找到 Ameba 的設定檔，先到 "File" -> "Preferences"

然後在 Additional Boards Manager URLs: 填入：

https://github.com/Ameba8195/Arduino/raw/master/release/package_realtek.com_ameba_index.json

Arduino IDE 1.6.7 以前的版本在中文環境下會有問題，若您使用 1.6.7 前的版本請將 "編輯器語言" 從 "中文(台灣)" 改成 English。在 Arduino IDE 1.6.7 版後語系的問題已解決。

　　填完之後按 OK，然後因為改編輯器語言的關係，我們將 Arduino IDE 關掉之後重開。

　　接著準備選板子，到 "Tools" -> "Board" -> "Boards Manager"

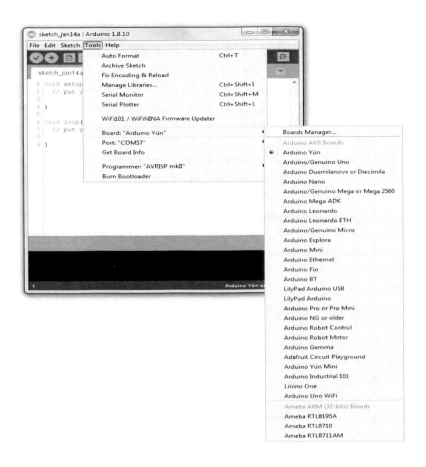

　　在 "Boards Manager" 裡，它需要約十幾秒鐘整理所有硬體檔案，如果網路狀況不好可能會等上數分鐘。每當有新的硬體設定，我們需要重開 "Boards Manager"，所以我們等一會兒之後，關掉 "Boards Manager"，然後再打開它，將捲軸往下拉找到 "Realtek Ameba RTL8195AM Boards"，點右邊的 Install，這時候 Arduino IDE 就根據 Ameba 的設定檔開始下載 Ameba RTL8195AM 所需要的檔案：

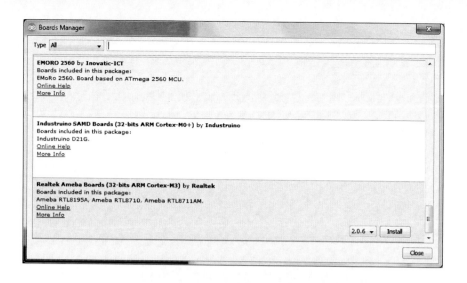

接著將板子選成 Ameba RTL8195AM，選取 "tools" -> "Board" -> "Arduino Ameba"：

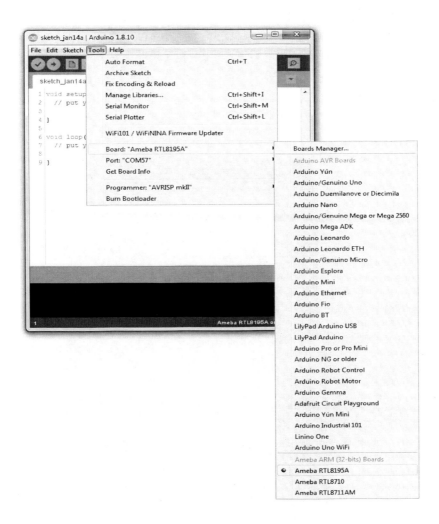

這樣開發環境就設定完成了。

資料來源：Ameba RTL8195AM　官網：Ameba Arduino: Getting Started With

RTL8195(http://www.amebaiot.com/ameba-arduino-getting-started/)

Ameba RTL8195AM 使用多組 UART

　　Ameba 在開發板上支援的 UART 共 2 組（不包括 Log UART），使用者可以自行選擇要使用的 Pin，請參考下圖。（圖中的序號為 UART 硬體編號）

在 1.0.6 版之後可以同時設定兩組同時收送，在 1.0.5 版之前因為參考 Arduino 的設計，兩組同時間只能有一組收送。

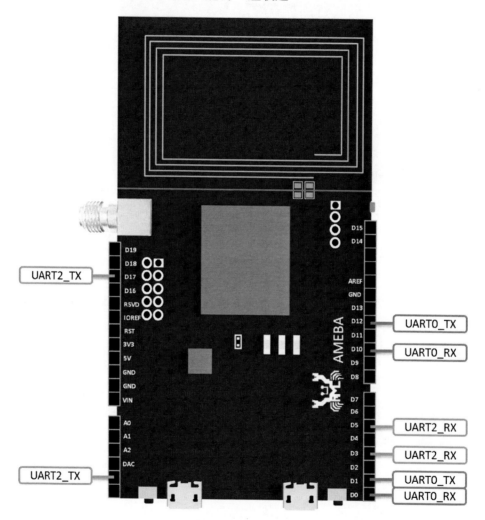

參考程式碼:

```
SoftwareSerial myFirstSerial(0, 1); // RX, TX, using UART0

SoftwareSerial mySecondSerial(3, 17); // RX, TX, using UART2
```

```
void setup() {

    myFirstSerial.begin(38400);

    myFirstSerial.println("I am first uart.");

    mySecondSerial.begin(57600);

    myFirstSerial.println("I am second uart.");

    }
```

資料來源：Ameba RTL8195AM 官網：如何使用多組

UART?(http://www.amebaiot.com/use-multiple-uart/_

Ameba RTL8195AM 使用多組 I2C

Ameba 在開發板上支援 3 組 I2C，佔用的 pin 如下圖所示：

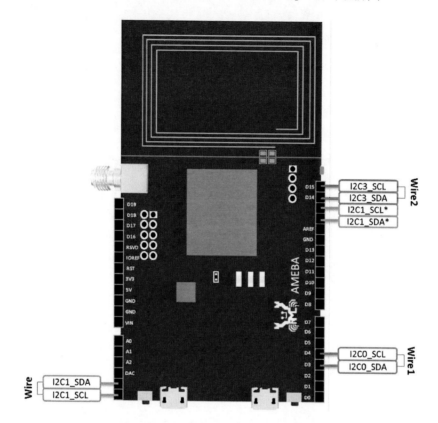

在 1.0.6 版本之後可以使用多組 I2C, 請先將 Wire.h 底下定義成需要的數量:
#define WIRE_COUNT 1
接著就可以使用多組 I2C:

```
void setup() {

    Wire.begin();

    Wire1.begin();

    Wire.requestFrom(8, 6);      // request 6 bytes from slave device #8

    Wire1.requestFrom(4, 6);      // request 6 bytes from slave device #4

    }
```

資料來源：Ameba RTL8195AM 官網：如何使用多組 I2C? (http://www.ame-

baiot.com/use-multiple-i2c/)

參考文獻

曹永忠, 許智誠, & 蔡英德. (2014). *Arduino 光立体魔术方块开发: Using Arduino to Develop a 4*4 Led Cube based on Persistence of Vision.* 台湾、彰化: 渥瑪數位有限公司.

曹永忠, 許智誠, & 蔡英德. (2014a). *Arduino 互動跳舞兔設計: The Interaction Design of a Dancing Rabbit by Arduino Technology* (初版 ed.). 台灣、彰化: 渥瑪數位有限公司.

曹永忠, 許智誠, & 蔡英德. (2014b). *Arduino 手搖字幕機開發:The Development of a Magic-led-display based on Persistence of Vision* (初版 ed.). 台灣、彰化: 渥瑪數位有限公司.

曹永忠, 許智誠, & 蔡英德. (2014c). *Arduino 手摇字幕机开发: Using Arduino to Develop a Led Display of Persistence of Vision.* 台湾、彰化: 渥瑪數位有限公司.

曹永忠, 許智誠, & 蔡英德. (2014d). *Arduino 光立體魔術方塊開發:The Development of a 4 * 4 Led Cube based on Persistence of Vision* (初版 ed.). 台灣、彰化: 渥瑪數位有限公司.

曹永忠, 許智誠, & 蔡英德. (2014e). *Arduino 旋转字幕机开发: Using Arduino to Develop a Propeller-led-display based on Persistence of Vision.* 台湾、彰化: 渥瑪數位有限公司.

曹永忠, 許智誠, & 蔡英德. (2014f). *Arduino 旋轉字幕機開發: The Development of a Propeller-led-display based on Persistence of Vision.* 台灣、彰化: 渥瑪數位有限公司.

曹永忠, 許智誠, & 蔡英德. (2015a). *Arduino Dino 自走车(入门篇):Arduino Dino Car(Basic Skills & Assembly)* (初版 ed.). 台湾、彰化: 渥瑪數位有限公司.

曹永忠, 許智誠, & 蔡英德. (2015b). *Arduino Dino 自走車(入門篇):Arduino Dino Car(Basic Skills & Assembly)* (初版 ed.). 台灣、彰化: 渥瑪數位有限公司.

曹永忠, 許智誠, & 蔡英德. (2015c). *Arduino 手机互动编程设计基础篇:Using Arduino to Develop the Interactive Games with Mobile Phone via the Bluetooth* (初版 ed.). 台湾、彰化: 渥瑪數位有限公司.

曹永忠, 許智誠, & 蔡英德. (2015d). *Arduino 手機互動程式設計基礎篇:Using Arduino to Develop the Interactive Games with Mobile Phone via the Bluetooth* (初版 ed.). 台湾、彰化: 渥瑪數位有限公司.

曹永忠, 許智誠, & 蔡英德. (2015e). *Arduino 乐高自走车:Using Arduino to Develop an Autonomous Car with LEGO-Blocks Assembled* (初版 ed.). 台湾、彰

化: 渥瑪數位有限公司.

曹永忠, 許智誠, & 蔡英德. (2015f). *Arduino 程式教學(入門篇):Arduino Programming (Basic Skills & Tricks)* (初版 ed.). 台湾、彰化: 渥玛数位有限公司.

曹永忠, 許智誠, & 蔡英德. (2015g). *Arduino 程式教學(常用模組篇):Arduino Programming (37 Sensor Modules)* (初版 ed.). 台湾、彰化: 渥玛数位有限公司.

曹永忠, 許智誠, & 蔡英德. (2015h). *Arduino 程式教學(無線通訊篇):Arduino Programming (Wireless Communication)* (初版 ed.). 台湾、彰化: 渥瑪數位有限公司.

曹永忠, 許智誠, & 蔡英德. (2015i). *Arduino 编程教学(无线通讯篇):Arduino Programming (Wireless Communication)* (初版 ed.). 台湾、彰化: 渥瑪數位有限公司.

曹永忠, 許智誠, & 蔡英德. (2015j). *Arduino 编程教学(常用模块篇):Arduino Programming (37 Sensor Modules)* (初版 ed.). 台湾、彰化: 渥玛数位有限公司.

曹永忠, 許智誠, & 蔡英德. (2015k). *Arduino 樂高自走車:Using Arduino to Develop an Autonomous Car with LEGO-Blocks Assembled* (初版 ed.). 台湾、彰化: 渥瑪數位有限公司.

曹永忠, 許智誠, & 蔡英德. (2015l). *Arduino 編程教学(入门篇):Arduino Programming (Basic Skills & Tricks)* (初版 ed.). 台湾、彰化: 渥玛数位有限公司.

曹永忠, 許智誠, & 蔡英德. (2016a). *Arduino 程式教學(基本語法篇):Arduino Programming (Language & Syntax)* (初版 ed.). 台湾、彰化: 渥瑪數位有限公司.

曹永忠, 許智誠, & 蔡英德. (2016b). *Arduino 程序教学(基本语法篇):Arduino Programming (Language & Syntax)* (初版 ed.). 台湾、彰化: 渥瑪數位有限公司.

曹永忠, 郭晋魁, 許智誠, & 蔡英德. (2016a). *Arduino 仿生蜘蛛制作与程序设计:Using Arduino to Make a Mechanical Spider* (初版 ed.). 台湾、彰化: 渥瑪數位有限公司.

曹永忠, 郭晋魁, 許智誠, & 蔡英德. (2016b). *Arduino 仿生蜘蛛製作與程式設計:Using Arduino to Make a Mechanical Spider* (初版 ed.). 台湾、彰化: 渥瑪數位有限公司.

維基百科. (2016, 2016/011/18). 發光二極體. Retrieved from https://zh.wikipedia.org/wiki/%E7%99%BC%E5%85%89%E4%BA%8C%E6%A5%B5%E7%AE%A1

趙英傑. (2013). *超圖解 Arduino 互動設計入門*. 台灣: 旗標.

趙英傑. (2014). *超圖解 Arduino 互動設計入門(第二版)*. 台灣: 旗標.

Ameba 氣氛燈程式開發
（智慧家庭篇）
Using Ameba to Develop a Hue Light Bulb (Smart Home)

作　　者：曹永忠、許智誠、吳佳駿、蔡英德

發 行 人：黃振庭

出 版 者：崧燁文化事業有限公司

發 行 者：崧燁文化事業有限公司

E-mail：sonbookservice@gmail.com

粉 絲 頁：https://www.facebook.com/
　　　　　sonbookss/

網　　址：https://sonbook.net/

地　　址：台北市中正區重慶南路一段六十一號八
　　　　　樓 815 室

Rm. 815, 8F., No.61, Sec. 1, Chongqing S. Rd.,
Zhongzheng Dist., Taipei City 100, Taiwan

電　　話：(02) 2370-3310

傳　　真：(02) 2388-1990

印　　刷：京峯彩色印刷有限公司（京峰數位）

律師顧問：廣華律師事務所 張珮琦律師

國家圖書館出版品預行編目資料

Ameba 氣氛燈程式開發 . 智慧家
庭篇 = Using Ameba to develop
a hue light bulb(smart home) /
曹永忠等著 . -- 第一版 . -- 臺北市：
崧燁文化事業有限公司 , 2022.03
　　面；　公分
POD 版
ISBN 978-626-332-065-9(平裝)
1.CST: 微電腦 2.CST: 電腦程式語
言
471.516　111001379

官網

臉書

定　　價：360 元

發行日期：2022 年 03 月第一版

◎本書以 POD 印製